宇宙旅行
シミュレーション
インプレスジャパン

パソコンで巡る137億光年の旅

宇宙旅行シミュレーション

CONTENTS

Part 3

Mitakaで宇宙の世界へ

Part 4

Mitakaをさらに使いこなそう

Part 1

プロジェクトメンバーからのメッセージ

本物の宇宙を体感してほしい

4次元デジタル宇宙ビューワー「Mitaka」は、
国立天文台4次元デジタル宇宙プロジェクトの研究者によって開発されました。
このソフトは、実際の観測データやシミュレーションデータを基に、
「科学的な正確さ」を重視して開発され、現在も改良が進められています。
ここでは、プロジェクトチームのメンバーと「Mitaka」の開発者に、
プロジェクトの狙いとソフトへのこだわりなどをうかがいました。

4D2U 国立天文台４次元デジタル宇宙プロジェクト

FOUR-DIMENSIONAL DIGITAL UNIVERSE PROJECT, NAOJ

プロジェクトメンバーからのメッセージ

本物の宇宙を体感してほしい

本書で紹介している4次元デジタル宇宙ビューワー「Mitaka」は、国立天文台4次元デジタル宇宙プロジェクトの柱の1つとして開発されているソフトです。国立天文台台長の観山氏をはじめ、プロジェクトメンバーにプロジェクトの全体像や今後の構想について語っていただきました。

インタビュー参加者

●プロジェクトリーダー
観山　正見　（国立天文台台長）

●プロジェクトメンバー
小久保英一郎（国立天文台）
林　　満　　（国立天文台）
武田　隆顕　（国立天文台）
岩下　由美　（国立天文台）

国立天文台４次元デジタル宇宙プロジェクト（4D2U）とは

研究者と一般の方に向け 研究成果を可視化

――まずは、４次元デジタル宇宙プロジェクト（以下、4D2U）の目的についておうかがいしたいのですが。

観山：4D2Uは大きく分けて２つの柱があります。

１つは最新の天文学の研究成果を４次元の視点で可視化することで、研究者の新しい発見や理解に役立てていきたいということ。

もう１つは一般の方に最新の研究成果をわかりやすく、しかも科学的に正しく表現することで、広大な宇宙を体感していただくということです。

――それがMitakaの誕生につながったわけですね？

小久保：4D2Uは研究者がそれぞれに研究しているテーマを可視化していくにつれて、さまざまな可能性が見えてきました。

現在本書で扱っている、観測データに基づく「Mitaka」と、スーパーコンピュータによるシミュレーミョンに基づくムービーという２本柱が立ち、さらに多体シミュレーション可視化ツールの「Zindaiji」などのソフトが開発されました。今後さらにソフトに改良を加え、研究成果を発表していく予定です。

専門的な研究テーマへの導入のソフトの必要性

―― 研究成果の可視化や映像化は順調に滑り出したのですか？

小久保：プロジェクト開始半年後の2002年10月には、シミュレーションムービーができ、国立天文台の特別公開日に上映できるところまでたどり着きました。しかし、研究者の研究成果が映像化されたために、「内容が専門的すぎて難しい」という声が多く聞かれました。

そこで、一般の方が研究テーマに無理なく入っていける「導入」のソフトとして、「Mitaka」の開発が始まったわけです。

―― プロジェクトでは役割分担があるのですか？

小久保：私自身はコンテンツ開発の監督をしています。4D2Uの人材集めにもこだわりがあって、経歴や専門分野のみならず、メンバーの趣味なども判断材料にしていますね（笑）。コンピュータに強かったり、可視化の能力が高かったりしている人材を集めたことが功を奏したと思います。

プロジェクトには現在、台内ではシミュレーションデータの可視化担当の林、武田の2名の研究員がいます。また、事務や公開業務は研究支援員の岩下が担当しています。昨年度までは、観測データの可視化担当の研究員として加藤（現・大阪大学）がいました。Mitakaは加藤が開発を担当し、今も大阪で開発を続けています。

武田：私はZindaijiの開発と、Zindaijiを使った「シミュレーションに基づくムービー」の作成を担当しています。

林：私は流体シミュレーションの可視化ムービーを制作しています。これらのムービーも4D2UのWebサイトからダウンロードできるようになっています。

小久保：国立天文台のほかにも、武蔵野美術大学、理化学研究所、日本科学技術振興財団の方々と協力してプロジェクトを進めています。

国立天文台の三鷹キャンパスにある4D2Uドームシアター

プロジェクトメンバーが語る4D2UとMitaka

4D2Uコンテンツは
研究成果の結晶

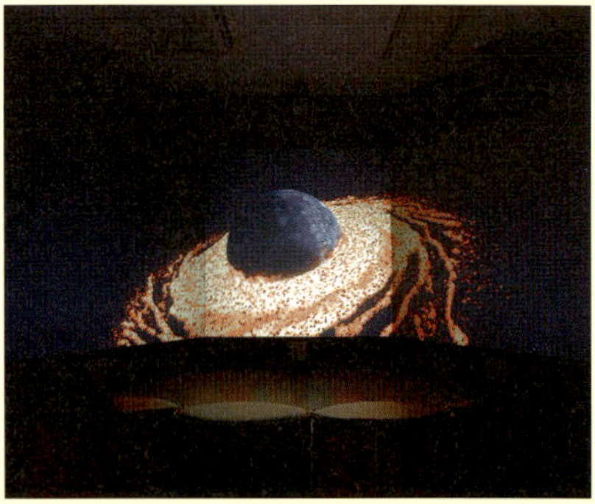

月の起源において有力視されている「ジャイアント・インパクト説」を可視化したムービー

――4D2Uが開発するソフトには研究者としてのこだわりがかなり入っているそうですね。

小久保：やはり研究者が開発するソフトですから、「科学的な正確さ」が最重要だと考えています。
私自身は、現実の研究成果を過度に飾らず、正確に見せられればいいというスタンスなのですが、表現手段として「わかりやすく」「見やすく」して、たとえば「色をつけたほうがよい」などという意見もあります。どちらを選択するべきなのかは、開発サイドでも意見が分かれるところですね。もちろん、間違った情報にならない範囲で考えなければなりませんが。

武田：ソフトやムービーに使用する素材自体が、研究者が行っている研究の最新データですから、詳細で正確なデータが手に入れば、それだけで「わかりやすく」「見やすい」、つまりビジュアル化しやすいことも多いです。そういった意味では、この一連のプロジェクトは、実際にソフト開発者の力だけではなく、さまざまな研究者の力で作り上げられていると言っても過言ではないと思います。

林：たとえば、私は「流体力学」という、空気やガスなどの目に見えないものの「流れ」を研究していますが、元々が視覚化されていないものですから、可視化すること自体が研究でもあるわけです。これを実現できるかどうかが4D2Uの課題でもありますし、4D2Uで研究成果を発表したいと考えています。

流体物理学が専門の林氏

世界に通用する ソフトとして開発

―― 基本的なところですが、プロジェクト名の「4D2U」とはどのような意味がこめられているのですか？

小久保：意味はそのままですよ。「4次元デジタル宇宙」の英語表記、“4-Dimensional Digital Universe”の頭文字で「4D2U」ですね。2個のDを“D2”としています。また、「2U」は「to you」と音が同じなので、「4-D to you（4次元をあなたに）」という意味もこめられています。

ちなみに4次元とは、空間の3次元に時間の1次元を加えたものです。

―― Mitakaも何かの頭文字なのですか？

小久保：「日本発」ということで和名にしたかったんですよね。「世界に向けた日本発のソフト」という位置付けで開発していますから……。そこで、皆と相談して、国立天文台の三鷹キャンパスで作られたから、「Mitaka」と決めました（笑）。呼びやすいし、すんなり決まりましたよね？

武田：はじめはソフトのコードネームのように使っていたのがすっかり定着しちゃって……。もうほかにはないという感じでした。

小久保：ちなみに「Zindaiji」は、武田の住んでいる東京の「深大寺」から取りました。日本発のソフトということを名前にこめて、和名で統一したかったんですよね（笑）。

Mitakaでは、空間の3次元に時間の1次元を加えた4次元を自由に楽しめる

4D2UとMitakaの今後

「出口の充実」を図り
研究成果を公開

―― 4D2Uは今後はどのように活動されていく予定なんですか？

武田：4D2Uドームシアターで上映されている、シミュレーションに基づいた可視化ムービーを、現在、Webサイト上でも公開しているのですが、その数を順次増やしていく予定です。

林：私は自分の行っている流体力学の「流れ」の研究を可視化したコンテンツをはじめとした流体シミュレーションデータのコンテンツ、および共通の可視化手法が適応できる観測データなどのコンテンツを研究者向けに提供していきたいですね。

小久保：まだまだ多くの課題がありますが、研究者向けのコンテンツの充実やソフトのさらなる改善など、コンピュータをうまく利用して、多くの方に宇宙を手に取るように感じて理解していただけるようなコンテンツを多く発表できればいいですね。加藤も今は大阪大学に移りましたが、引き続きMitakaをバージョンアップして公開する予定になっています。

―― 公開するソフトやムービーを増やしていくということですね？

岩下：これまでは、研究が中心になってしまいましたが、今年度は「出口の充実」ということを実現したいと思っています。具体的には、皆さんにアクセスしていただくWebサイトのページの充実や、ダウンロードしていただくムービーの公開など、研究の合間にも、出口の充実をさせていきましょうね？

武田：また、睡眠時間が少なくなるかな（笑）？

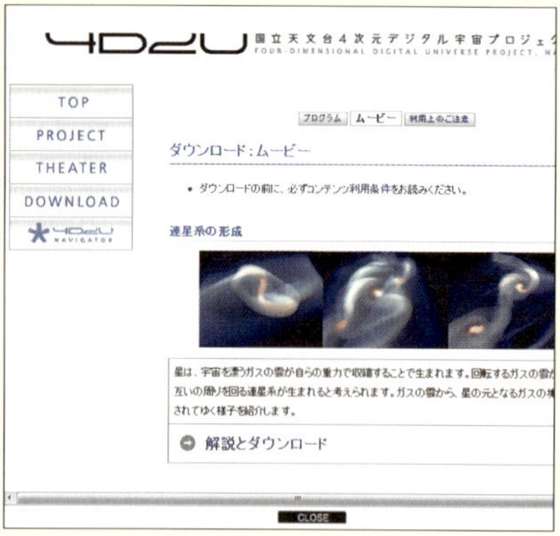

4D2UのWebサイトにはムービーがアップされている

コンテンツ開発の監督をする小久保氏

研究をバックアップし、事務や公開業務を担当する岩下氏

Mitakaの起動画面

ドームシアターを拠点に開発者として裾野を広げる

―― 現在、国立天文台の4D2Uドームシアターはどのように運営されているんですか？

岩下：天文情報センターと協力して、2007年4月から公開を開始していますが、今後も月に1回程度は外部公開をしていこうと考えています(2007年7月現在)。

一般の方に往復はがきで応募していただいて、応募者が多数の場合は抽選になります。

――どのような方が多いですか？

岩下：国立天文台という場所柄か、一般のプラネタリウムよりも高校生や大学生の応募が多いように思います。親子での参加も多いですね。

―― 今後、上映回数や動員数を増やしていくなどといった予定はありますか？

岩下：「公開を増やしてほしい」という要望も数多く寄せられていますが、国立天文台の4D2Uドームシアターだけでは、入場者の定員が限られてしまいます。それに、実際の研究者に解説などをしていただいていることもあり、マンパワーという面でも限界があります。

Mitakaを使ってドーム・スクリーンに立体映像を投影することもできる

「Zindaiji」の開発に携わる武田氏

今後は、MitakaやZindaiji、ムービーなどを、全国のさまざまな科学館やプラネタリウムなどで利用していただいたり、あとはパソコンでソフトをダウンロードして一般の方に利用していただいたりと、コンテンツの配信側、開発者側として、宇宙を体感する裾野を広げるバックアップができればと考えています。

プロジェクトにこめる想いと利用者へのメッセージ

―― プロジェクトを通して、利用者に伝えたいことはありますか？

小久保：Mitakaもムービーも、研究者の正確なデータを駆使して開発した「本物」だという自負があります。その「本物」をぜひ体感してほしいと思います。はじめは難しくて、よくわからないかもしれませんが、本物しか持ち得ない魅力が伝わるはずです。それが、宇宙や世界を考えるきっかけになればいいなと思います。そんな想いも込めて、研究者として、よりリアルに近い、本物のソフトを開発していきたいと思っています。

Mitakaでは惑星も拡大表示される

林：まずはMitakaに触れて、「宇宙ってどうなっているのかな？」「天文学って楽しいのかな？」という動機やきっかけが生まれるといいなと思っています。そこから「本を読んでみようかな？」と発展して、宇宙や天文学に興味を持つ人の裾野が広がればうれしいですね。

武田：Mitakaやムービーには研究者のこだわりが隅々まで詰まっています。今後さらに発展させていきますので、ぜひ使って期待をふくらませてください。

岩下：国立天文台の4D2U（3面／ドーム）シアターだけではなく、全国の科学館、天文台などでもMitakaを立体視して解説してくださるところが増えてきていますので、ぜひ足を運んでください。また、近くになくても、個人でもアナグリフ方式で楽しめますので、赤青メガネを装着し、自分流にアレンジして、Mitakaを利用していただけるとうれしいです。

―― ありがとうございました！

Mitaka開発者からのメッセージ

地球から羽ばたいてほしい

簡単に地球から宇宙へ飛び出して、宇宙空間を体感できるMitaka。これだけ大規模で緻密なソフトであるにもかかわらず、開発はほとんど1人の研究者の手によって行われ、現在も改良が進められています。ここでは開発者である加藤恒彦氏にMitakaの魅力と楽しむポイントをうかがいました（加藤氏は、2007年3月まで国立天文台4次元デジタル宇宙プロジェクトに所属、4月から大阪大学）。

●Mitakaの開発者　加藤恒彦氏（大阪大学）

宇宙の姿をわかりやすく見せるためにMitakaを作りました

3面シアター用のソフトがMitakaの原型

――Mitakaの開発はいつから開始されたのですか？

加藤：私は2002年から2007年3月までの間、国立天文台4次元デジタル宇宙プロジェクトの研究員をしていたのですが、まず、2002年に国立天文台の3面の立体視シアターのためのシミュレーション・ムービーの再生用ソフトを開発しました。シミュレーション・ムービーは国立天文台の特別公開日に一般の方向けに上映され、好評だったのですが、一部で「難しい」という声も聞かれました。そこで、一般の方が宇宙や天文の話に入りやすいような「導入部分」のソフトとして開発を始めたのがMitakaの原型となるソフトです。

はじめは、3面シアター用のソフトとして開発していましたが、通常のパソコン1台でも動作するようにして、2005年にWeb上でフリーソフトとして公開を始めました。

その後、さまざまな改良を加えながら、天文学をビジュアルでわかりやすく説明するツールとして開発を進めてきています。

現在では、国立天文台の三鷹キャンパスに完成した4D2Uドームシアターをはじめ、日本科学未来館や、やまがた天文台などでも上映ソフトとして

開発用コンピュータでMitakaの説明をする加藤氏

Mitakaが使われており、ドームスクリーンや平面スクリーンで、地球から宇宙の大規模構造までの広大な宇宙を立体的に楽しむことができます。

研究者ならではの こだわりが満載

―― Miakaはどのような狙いで開発されたソフトなんですか？

加藤： さきほども少し話しましたように、天文学の最新の成果に基づいた宇宙の姿を、わかりやすく美しい立体映像で一般の方に伝えることです。宇宙には非常に幅広いスケールにわたって、さまざまな天体や構造がありますが、それを１つのソフトにすべて統合して、シームレスに移動して見ることができれば、宇宙の階層構造やスケール感がよりよくわかるのではないかと考え、このようなソフトになっていきました。

―― Mitakaを開発する上でのこだわりや苦労した点などありますか？

加藤： こだわりは、やはり研究者が開発したソフトということで、「科学的な根拠に基づき、正確なデータを利用して開発した」ということですね。銀河系などは観測から正確な姿がまだわかっていないので、それを理論的なモデルを使ってどう表現するか、また2000億あると言われる星々の分布をどのように表現していくかなどについては苦労しました。

また、Mitakaはリアルタイムに動かすソフトなので、描画アルゴリズムの選択や画像処理速度などを含めて、コンピュータの性能との戦いも多くありましたね（笑）。

―― はじめはそれほどまでに多くの星を表示させていたのですか？

加藤： 最初の銀河系のモデルでは、100万近い点を使って銀河系の星を表示していました。しかし、地球を離れて銀河系を表示させると、あまりに星が多くて、３面シアター用の性能のよいコンピュータでも画面のコマ落ちが発生してしまったんですね。その後、描画の技法を根本的に変えたりしてさまざまな改良を加え、より美しくスムーズに動かせるようになりました。

このソフトを一般の方に利用していただけるのは、もちろんパソコン性能の向上による部分も大きいですね。それでもまだ少し「重い」ソフトかもしれませんが……。

Mitakaで宇宙の広がりを体感してください

Mitakaが表現する宇宙空間

――Mitakaの開発者として、見てほしいポイントはありますか？

加藤：やはり開発時にいちばん苦労した「銀河系」ですね。

銀河系を一方から見るだけでなく、さまざまな方向から見られるようにしています。銀河系を真横から見ると、星の光がダストに吸収されて、線が入っているように見えるのですが、そのあたりもしっかりと画面で確認できます。

あとは、物理計算で太陽の光を表現した地球の大気の様子ですかね。でも、まずは地球から出発して、銀河系、宇宙の大規模構造と移動して、宇宙の広大さや、どんな天体が現代の天文学で見つかってきているのかなどを見てほしいですね。

銀河系を真横から見ると、銀河円盤上の星の光がダスト（塵）に吸収されて暗い筋として見える

Mitakaをさらに楽しむために

――Mitakaには、さらに追加機能があるそうですが。

加藤：Mitakaにはいろいろな機能がありますが、さらに4D2UのWebサイトのMitakaのページ（http://4d2u.nao.ac.jp/html/program/mitaka/）から「地形データ」をダウンロードすれば、地形データを読み込むこともできます（本書の付属CD-ROMに収録のMitakaには地形データがすでに取り込まれています）。現在では、地球と火星の地形データを公開していますが、これは地球と火星の地形データを立体的に表示させるものです。

こちらも少し容量が大きいのですが、パソコンの性能や容量に余裕がある方はぜひ試していただきたいですね。

［表示］→［惑星］→［地形の倍率］で表示倍率を変えれば、かなり詳細に表面のイメージがわかると思います。

時間や空間を一瞬にして移動できる

――Mitakaは「空間」を移動するだけでなく、「時間」を変えることもできるんですよね？

加藤：そうですね。特に惑星の位置計算は高精度のデータを使っているので、たとえば皆既日食のシミュレーションも実際に画面上で行えます。また、パイオニアやボイジャーなどの探査機は、軌跡を表示できるだけではなく、時間を前後することで、探査機がたどった道をシミュレートすることもできます。カッシーニが土星に最接近する様子などは見ものですよ。

Mitaka開発者の宇宙との出会い

――ここまでのソフトを作られた方が初めて宇宙に興味をもたれたきっかけなどはありますか？

加藤：一般的な話かもしれませんが、小さいころから星空を眺めるのが好きでしたね。プラネタリウムに連れて行ってもらったときはとても感激しました。星や宇宙の図鑑を一日中眺めていたこともありましたね。

――高校や大学も天文学に関係していたのですか？

加藤：いえ、実は高校や大学では物理が専門で、コンピュータに興味がありました。大学の卒業研究は宇宙物理学に関するものでしたね。そのあたりからMitakaへのつながりが出てきたのかもしれませんね（笑）。

――最後にMitaka利用者や読者の方に向けてメッセージをお願いします。

加藤：宇宙の空間と時間を自在に操りながら、利用者の興味に合わせてさまざまな楽しみ方が考えられると思います。

これからも鋭意開発を続けていきますので、ぜひMitakaで私たちの住んでいる地球から大きく羽ばたき、宇宙の広大さ、宇宙の階層構造を体験してみてください。

――ありがとうございました！

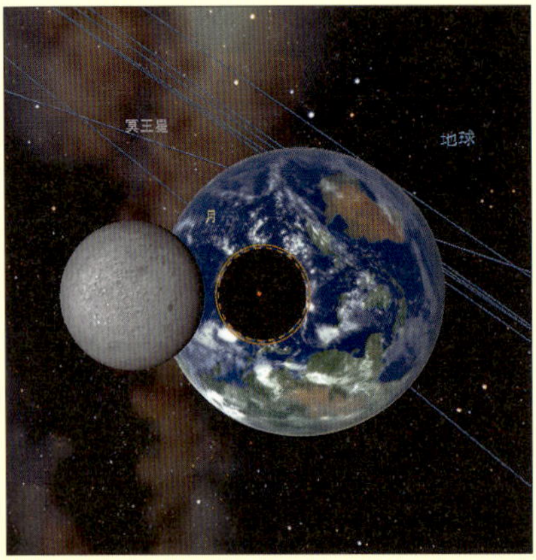

Mitakaで再現した皆既日食。画像は1000倍に拡大した状態

土星に接近するカッシーニ

Part 2

Mitakaの基本操作を覚えよう

4次元デジタル宇宙ビューワー「Mitaka」を利用すれば、
プラネタリウムのように地球上から星空を眺めたり、
太陽系の惑星や銀河系を見たりすることができます。
Mitakaはメニューとマウスを使った簡単な操作なので、
基本操作を覚えておけば、自由に宇宙空間を旅することができるでしょう。
ここでは基本操作について解説します。

Mitakaを起動する

本書の付属CD-ROMに収録されているMitakaは、
パソコンで宇宙の構造や天体、銀河などを楽しむことができるフリーソフトです。
まずはMitakaのソフトをパソコンにコピーして起動しましょう。

Mitaka をデスクトップにコピーしよう

Mitakaはパソコンにインストールする必要がなく、付属CD-ROMから適当な場所にコピーするだけで利用できるようになります。ここではデスクトップにコピーして利用します。

1 付属CD-ROMを開く

パソコンのCD-ROMドライブに付属CD-ROMを入れます。[自動再生] が表示されたら [フォルダを開いてファイルを表示] をクリックします。

2 収録されているデータを確認する

新たにウィンドウが開き、付属CD-ROMに収録されているデータが表示されます。

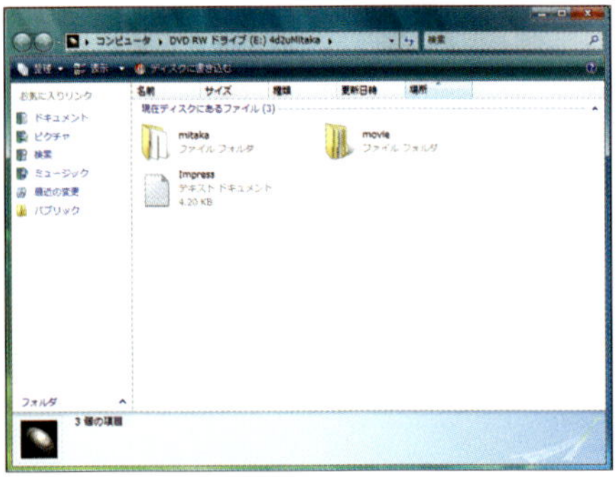

3 「mitaka」フォルダをデスクトップにコピーする

「mitaka」フォルダをドラッグしてデスクトップにコピーします。

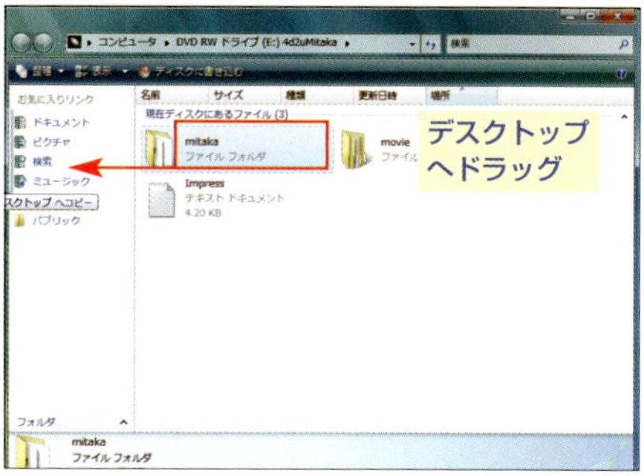

One Point

「Mitaka」フォルダは約330MBの容量があるため、コピーには少し時間がかかります。また、ハードディスクの空き容量が足りない場合はコピーをすることができませんので、ご注意ください。

4 「mitaka」フォルダがコピーされる

「mitaka」フォルダがデスクトップにコピーされます。

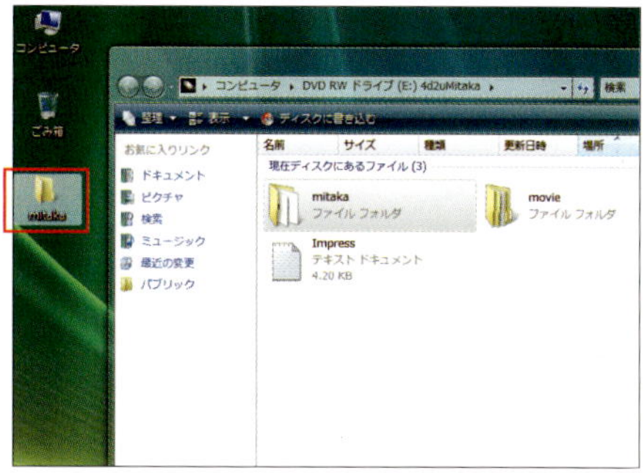

5 付属CD-ROMのウィンドウを閉じる

付属CD-ROMのウィンドウの右上の［閉じる］をクリックします。ウィンドウが閉じます。

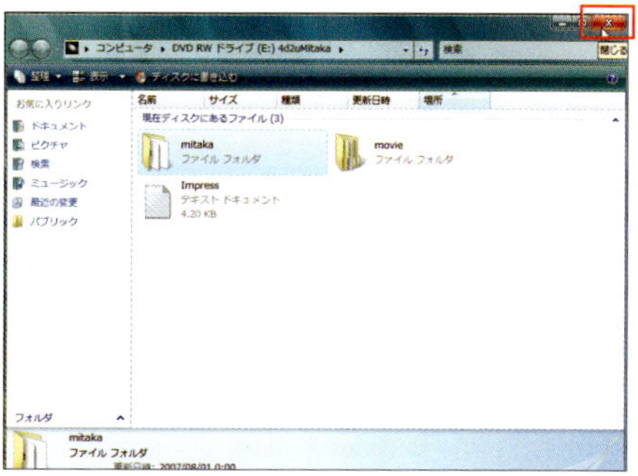

Mitaka を 起 動 し よ う

付属CD-ROMからMitakaをコピーしたら、さっそくMitakaを起動してみましょう。Mitakaを起動したい場合は、「mitaka」フォルダを開き、アプリケーションファイルをダブルクリックします。

1 「mitaka」フォルダを開く

「mitaka」フォルダをダブルクリックします。

2 Mitakaを起動する

「mitaka」フォルダが開きます。［種類］に「アプリケーション」と表示されている「mitaka」ファイルをダブルクリックします。

One Point

Mitakaが正常に起動しない場合は、「mitaka_VC」ファイルをダブルクリックしてみましょう。

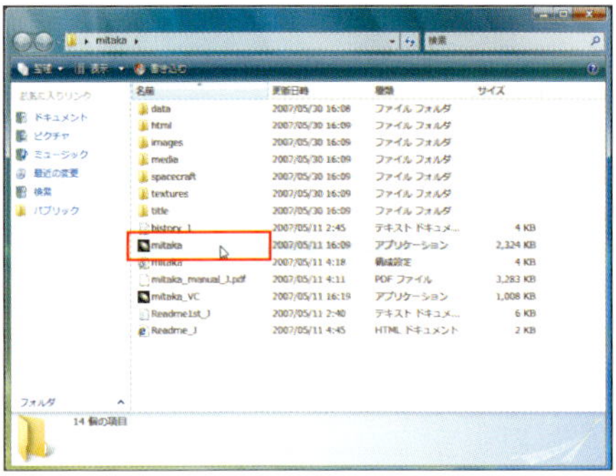

3 Mitakaが起動する

Mitakaが起動し、起動した日の20時の東京・三鷹市の北の空が表示されます。

One Point

Mitakaは起動時に大量のデータを読み込むため、起動には数十秒から１分程度の時間がかかります。

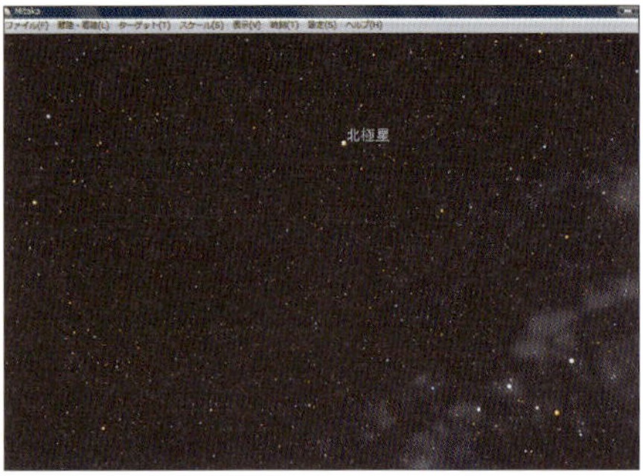

Mitakaを終了しよう

Mitakaの終了は、ウィンドウの右上の［閉じる］をクリックする方法と、［ファイル］メニューの［終了］をクリックする方法の2つがあります。自分の操作しやすい方法を選択しましょう。

1 ［閉じる］をクリックする

Mitakaが起動している状態で、ウィンドウの右上の［閉じる］をクリックします。

2 ［ファイル］メニューをクリックする

Mitakaが起動している状態で、［ファイル］メニューの［終了］をクリックします。

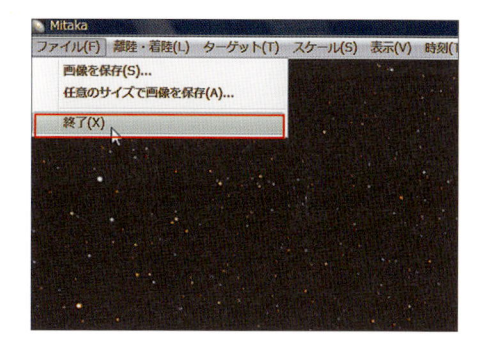

Mitakaの推奨動作環境

Mitakaが快適に動作するパソコンの環境は右のとおりです。

OS	Windows Vista/XP/2000（※）
CPU	Pentium4 1.8GHz（相当）以上
メインメモリ	512MB以上
グラフィックカード	GeForce3（相当）以上
ディスプレイ解像度	1024×768ピクセル以上
ハードディスクに必要な空き容量	50MB以上

※上記はあくまで目安であり、条件を満たしていても快適に操作できない場合があります。

基本操作をマスターする

Mitakaは基本的にマウスだけで操作することができます。
マウスの操作とメニューの機能を覚えてしまえば、地球だけでなく、
137億光年の宇宙空間を自由に移動できるようになります。

表示モードを切り替えてみよう

Mitakaには大きく分けて2つの表示モードがあります。「プラネタリウムモード」は、Mitakaの起動時に表示される画面で、地球上から星空を眺められます。「宇宙空間モード」は、地球上から離れて宇宙空間を移動し、スケールを変えたり、さまざまな場所から天体を眺めたりすることができます。

1 プラネタリウムモードで星空を眺める

Mitakaを起動すると、起動した日の20時の東京・三鷹市の北の空がプラネタリウムモードで表示されます。このモードでは、視点を地球上に置いて星空を眺められます。

One Point

プラネタリウムモードの詳細は、28ページを参照してください。

2 地球から離陸して宇宙空間モードに切り替える

［離陸・着陸］メニューの［離陸・着陸］をクリックすると、視点が地球上から宇宙に移動し、宇宙空間モードに切り替わります。この操作を「離陸」と呼びます。

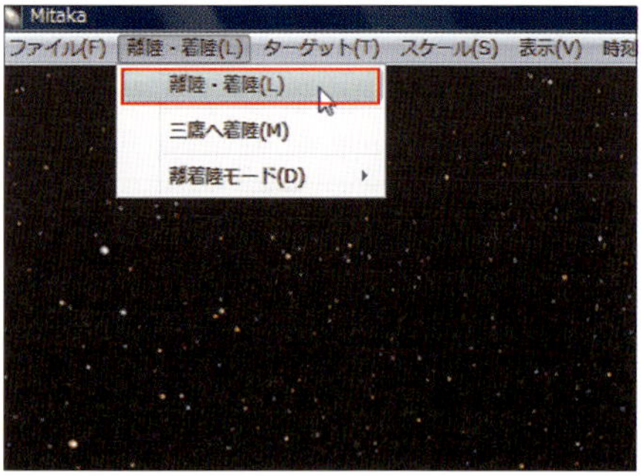

3 宇宙空間モードで夜空を眺める

宇宙空間モードに切り替わると、地平線が薄く見えるようになります。最初は、地球の少し上空に浮いた状態になります。

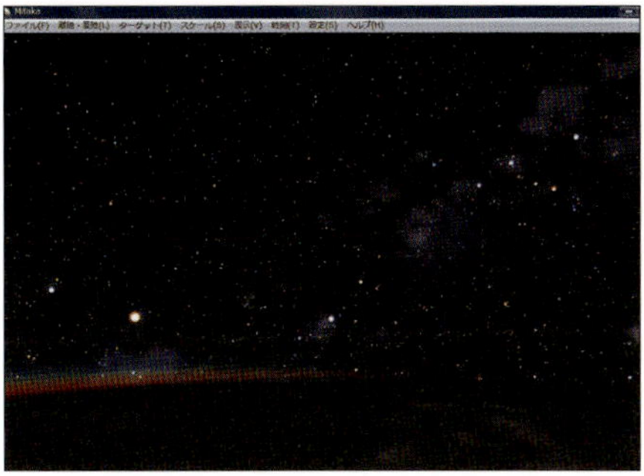

One Point
宇宙空間モードの詳細は、32ページを参照してください。

4 地球に着陸してプラネタリウムモードに戻る

プラネタリウムモードに戻りたい場合は、［離陸・着陸］メニューの［離陸・着陸］をクリックします。視点が宇宙から地球上に戻ります。この操作を「着陸」と呼びます。

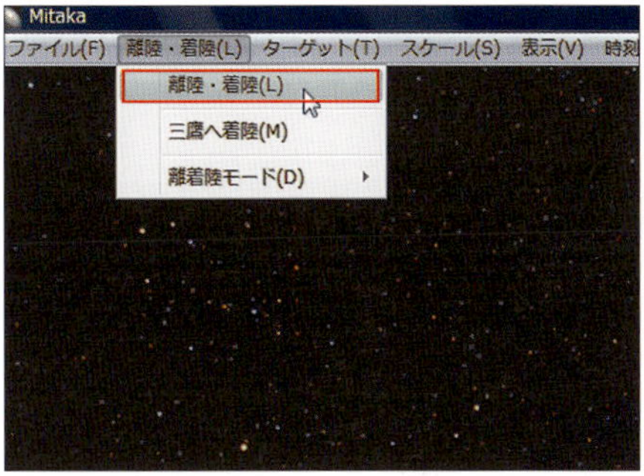

5 起動時の地点に着陸する

起動時の東京・三鷹市に着陸したい場合は、［離陸・着陸］メニューの［三鷹へ着陸］をクリックします。

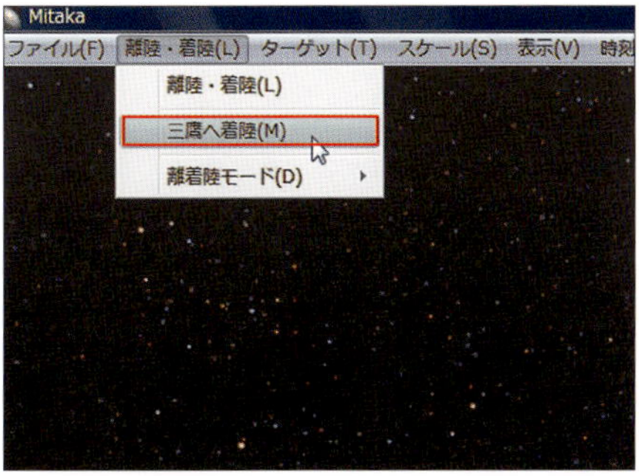

One Point
宇宙空間のどの場所にいても、東京・三鷹市に戻ることができます。

ズームイン・ズームアウトしよう

星空や天体のズームイン・ズームアウトは、マウスホイールを使って行います。マウスホイールを回転させたぶんだけ、自由に近づいたり遠ざかったりできます。また、ウィンドウの右下にマウスポインタを合わせると表示される［−］［+］をクリックすることでも、ズームイン・ズームアウトが可能です。

■プラネタリウムモード

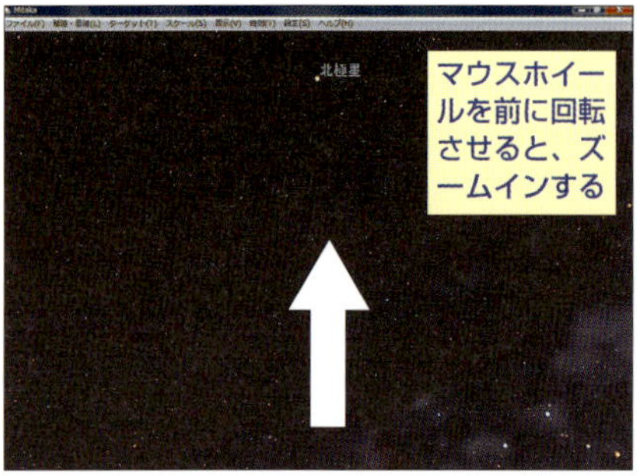

マウスホイールを前に回転させると、星空にズームインし、星を拡大できます。

マウスホイールを後ろに回転させると、星空からズームアウトし、視界を広げられます。

■宇宙空間モード

マウスホイールを前に回転させると、ターゲットにしている天体にズームインし、天体を拡大できます。

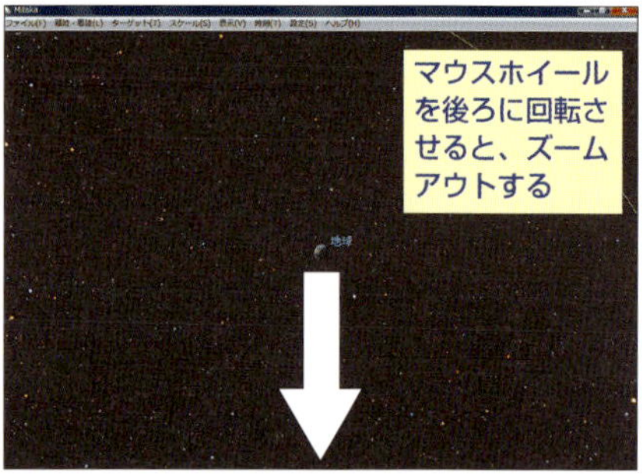

マウスホイールを後ろに回転させると、ターゲットにしている天体からズームアウトし、表示しているスケールを広げられます。

天体を見る角度を変えよう

マウスの左ボタンを押しながら上下左右にドラッグすると、星空や天体を見る角度を変えることができます。たとえば、別の方角の星座を見たいときや、天体を別の角度から眺めたいときなどにドラッグしてみましょう。

■プラネタリウムモード

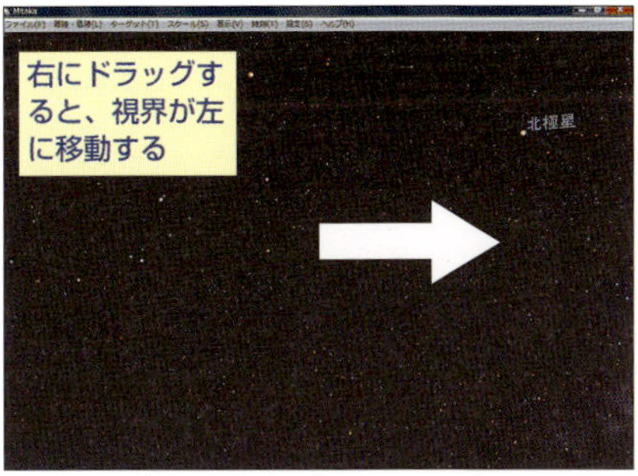
右にドラッグすると、視界が左に移動する
北極星

左右にドラッグすると、表示している星空を左右に移動できます。

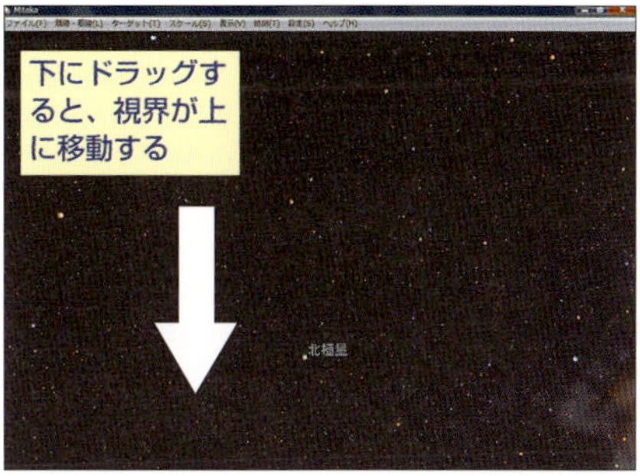
下にドラッグすると、視界が上に移動する
北極星

上下にドラッグすると、表示している星空を上下に移動できます。

■宇宙空間モード

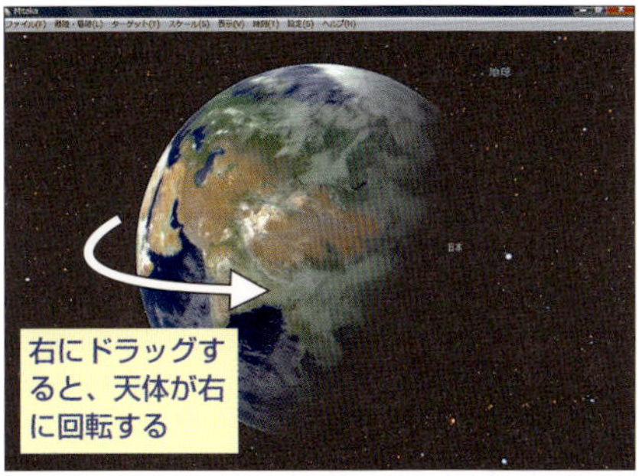
右にドラッグすると、天体が右に回転する

左右にドラッグすると、表示している天体を左右に回転させることができます。

下にドラッグすると、天体が下に回転する

上下にドラッグすると、表示している天体を上下に回転させることができます。

時刻を進めたり戻したりしてみよう

ウィンドウの右上にマウスポインタを合わせると、[－][＋]が表示されます。これらをクリックすることで、時刻を進めたり戻したりすることができます。進める時刻の単位は[時刻]メニューで変えることができます。

■プラネタリウムモード

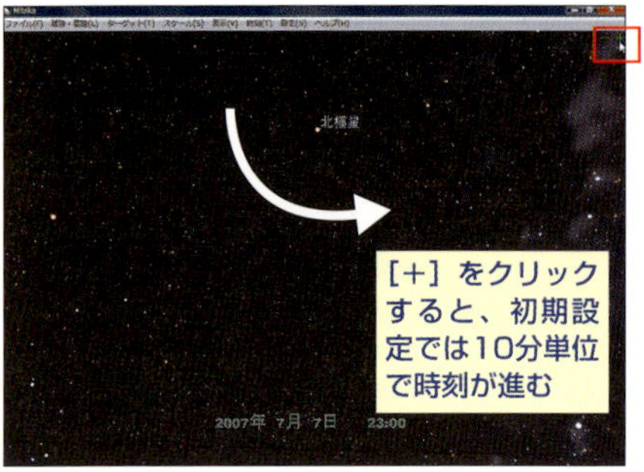

[＋]をクリックすると時刻が進み、[－]をクリックすると時刻が戻ります。星の位置が変わります。

■宇宙空間モード

[＋]をクリックすると時刻が進み、[－]をクリックすると時刻が戻ります。天体を表示している場合は、天体の自転や公転を見ることができます。

■時間の単位を変える

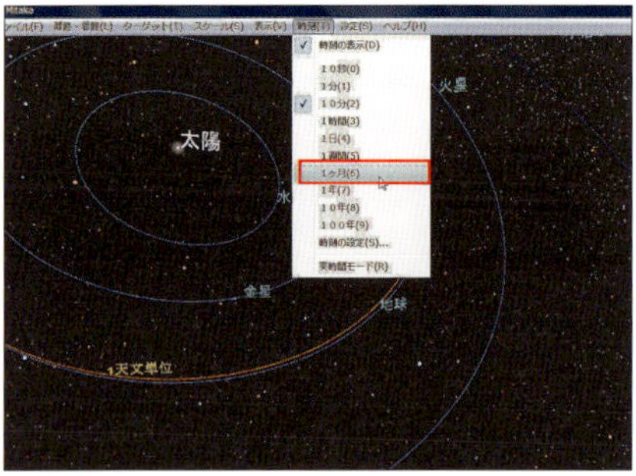

時刻を1ヶ月単位で進めたい場合は、[時刻]メニューの[1ヶ月]をクリックします。

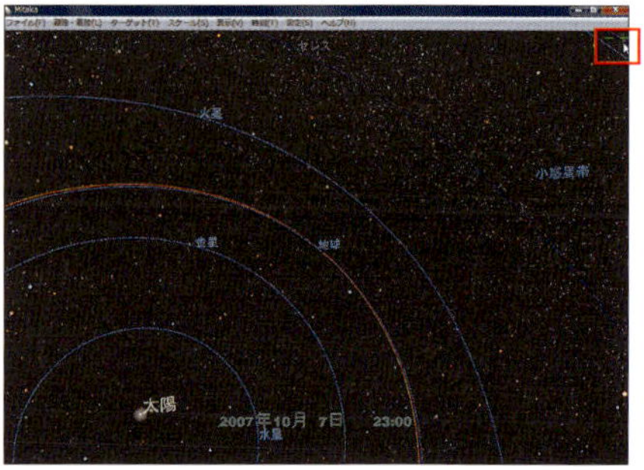

[＋]をクリックすると、1ヶ月単位で時刻が進みます。惑星の公転を見たいときなどに便利です。

One Point

[－][＋]上で右クリックして表示されるメニューでも、時刻の単位を変えられます。

宇宙空間の表示スケールを変えてみよう

[スケール]メニューを使えば、表示したい宇宙空間の広さ（スケール）を変えることができます。これを利用すれば、マウスホイールを使って少しずつスケールを広げていかなくても、一気に見たいスケールで表示することができます。

■宇宙空間の表示スケールを変える

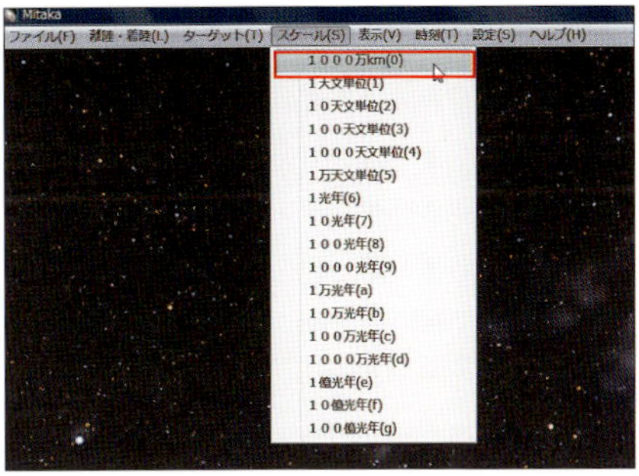

22ページを参照して離陸し、［スケール］メニューの［1000万km］をクリックします。

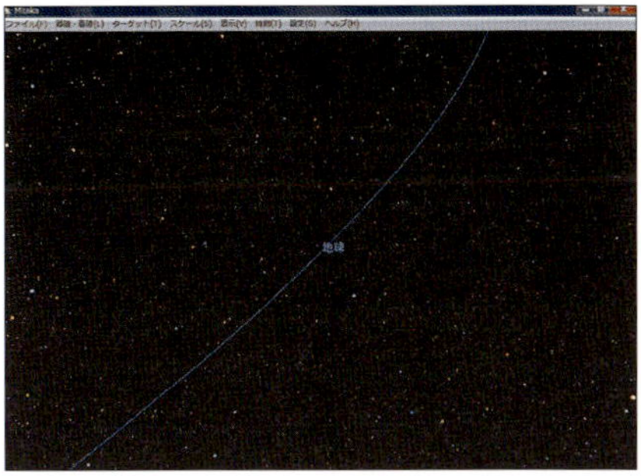

地球を中心にして、宇宙空間が1000万kmのスケールで表示されます。

■10億光年のスケール

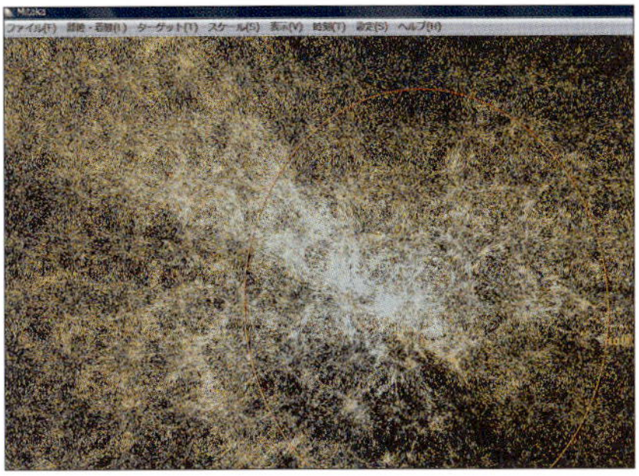

［スケール］メニューの［10億光年］をクリックすると、宇宙空間が10億光年のスケールで表示されます。

■ボタンで表示スケールを変える

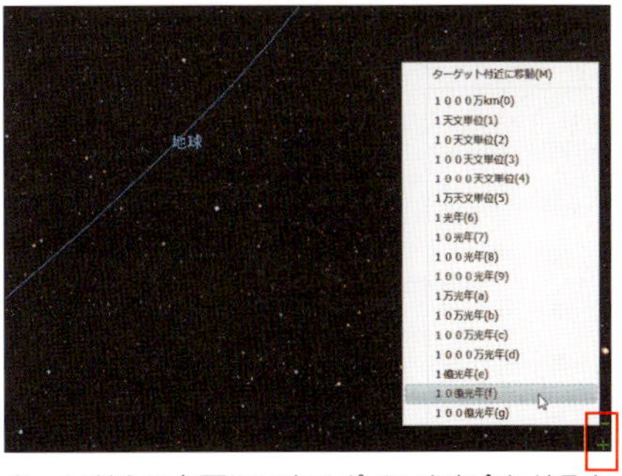

ウィンドウの右下にマウスポインタを合わせると表示される［－］［＋］上で右クリックして表示されるメニューでもスケールを変えられます。

プラネタリウムで星空を眺める

プラネタリウムモードでは、星座の名前や星座線を表示してプラネタリウムのようにしたり、日本以外の地点から星空を眺めたりすることもできます。
ここではプラネタリウムモードを楽しむコツを紹介します。

星座の名前・星座線を表示しよう

Mitakaでは、星座の名前や星座線、星座の境界線などを表示することができます。メニューから時刻を設定したり、ドラッグして方角を変えたりできるので、自分の見たい日時と方角を設定して、実際の星空を眺めてみるのもよいでしょう。

1 星座の名前を表示する

Mitakaを起動し、［表示］メニューの［星座］から［星座の名前］をクリックしてチェックを付けます。

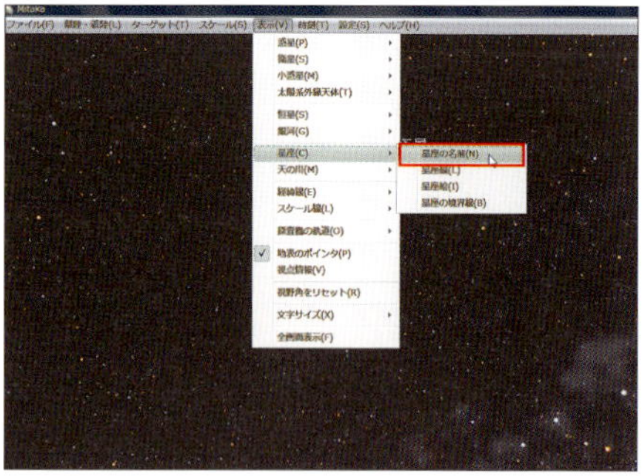

2 星座線を表示する

［表示］メニューの［星座］から［星座線］をクリックしてチェックを付けます。

One Point

チェックが付いている項目が、現在表示されています。

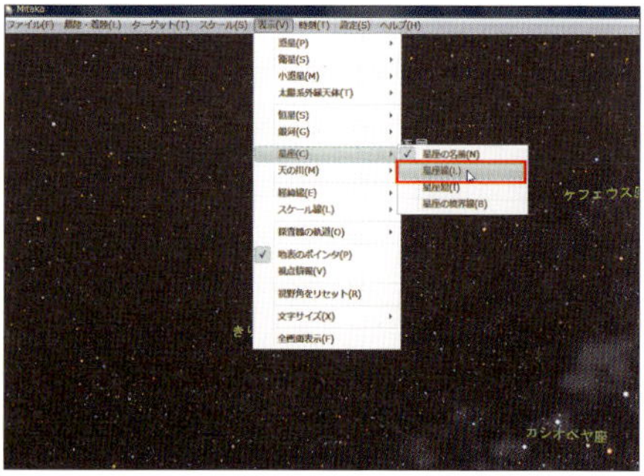

3 星座の名前と星座線が表示される

星空に星座の名前と星座線が表示されます。

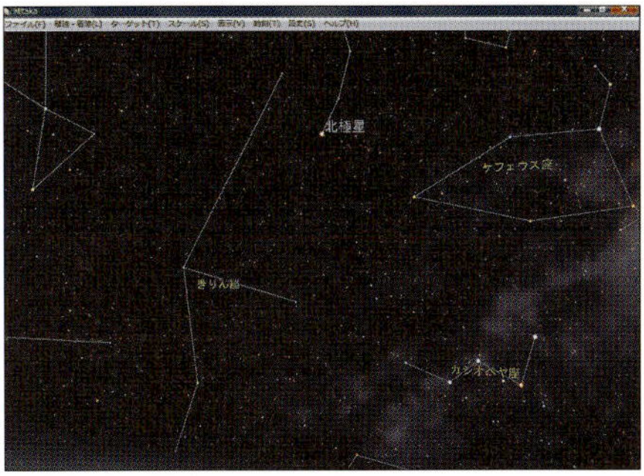

One Point

［A］キーを押すと、星座の名前と星座線を同時に表示することができます。再度［A］キーを押すと、星の固有名や時刻などが非表示になります。

4 見たい星空の時刻を設定する

［時刻］メニューの［時刻の設定］をクリックして［時刻の設定］を表示し、見たい星空の時刻を設定します。時刻を設定したら［OK］をクリックします。

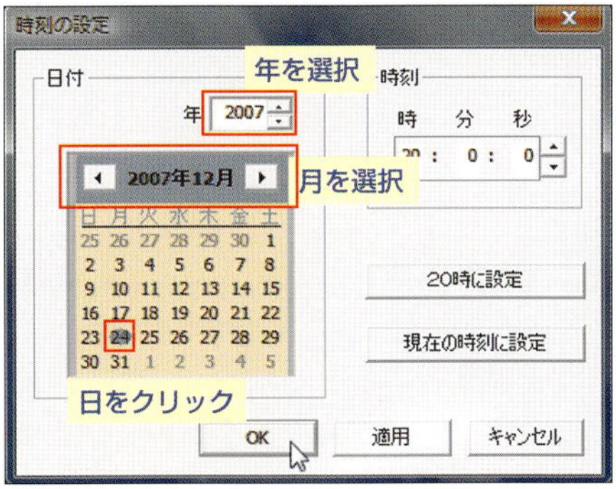

One Point

［現在の時刻に設定］をクリックすると、クリックした瞬間の時刻に設定することができます。

5 見たい時刻の星空が表示される

設定した時刻の星空が表示されます。マウスホイールを使ってズームイン・ズームアウトしたり、上下左右にドラッグしたりして、視界を変えて楽しみましょう。

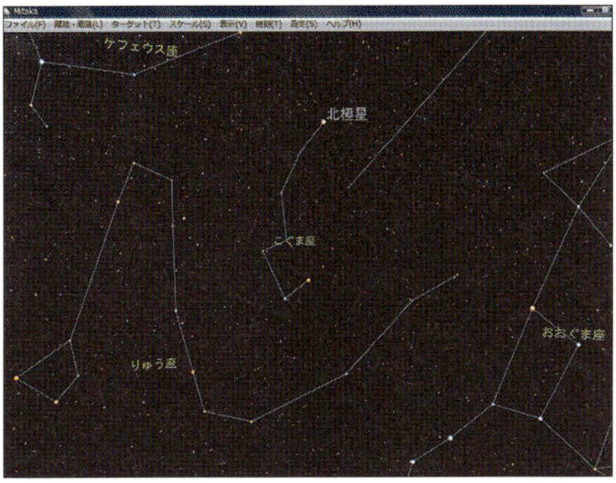

One Point

［表示］メニューの［惑星］から［大気］を［なし］に設定すれば、昼の時間でも星空を見ることができます。

時刻を進めて星座の動きを見よう

プラネタリウムモードで星座の名前や星座線を表示しておけば、時刻を進めて星座の動きを見ることができます。進める時刻の単位も設定できるので、好みに合わせて星座を動かしてみましょう。

1 進める時刻の単位を設定する

Mitakaを起動し、星座の名前と星座線を表示します（28ページ参照）。［時刻］メニューの［1分］をクリックして1分単位で時刻が進むように設定します。

2 時刻を進める

ウィンドウの右上にマウスポインタを合わせると表示される［＋］をクリックします。

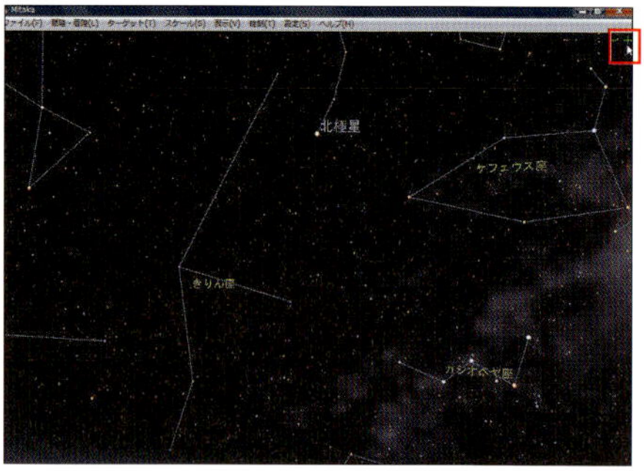

3 時刻が進み星座が動く

マウスの左ボタンを押し続けたぶんだけ時刻が進み、星座が動きます。

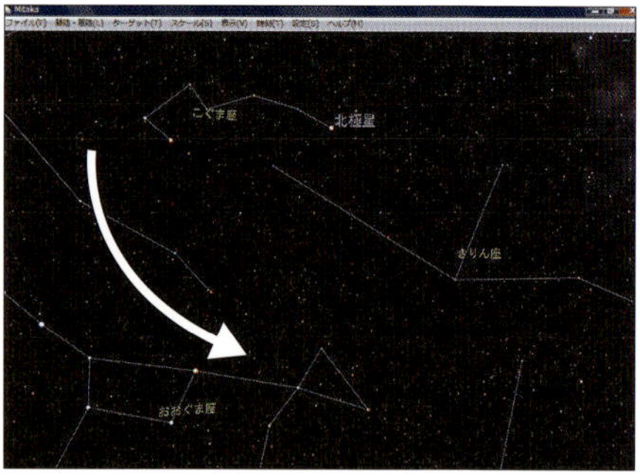

One Point

時刻を戻したい場合は、［－］をクリックします。

南半球の星空を眺めてみよう

Mitakaでは、いったん離陸して地球を動かすことで、東京・三鷹市以外の地点に離陸することができます。これを利用すれば、日本からは見られない南半球の星空を眺めることもできます。

1 地球から離陸して宇宙空間モードに切り替える

Mitakaを起動し、[離陸・着陸] メニューの [離陸・着陸] をクリックします。

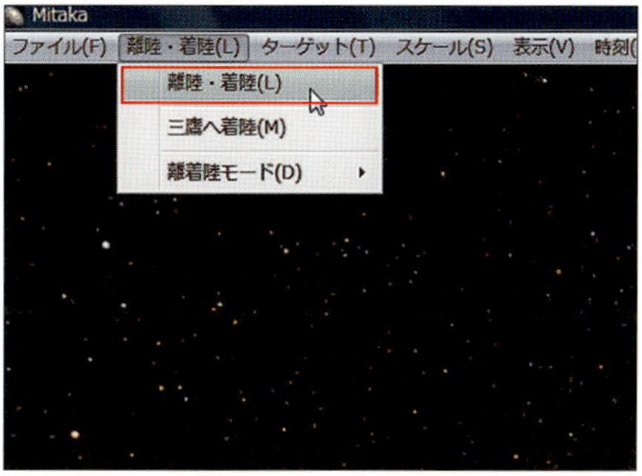

2 南半球に移動する

宇宙空間モードに切り替わります。マウスホイールを後ろに回転させてスケールを広げ、上下左右にドラッグし、南半球（ここでは「139.5E, 35.7S」）に移動します。[離陸・着陸] メニューの [離陸・着陸] をクリックします。

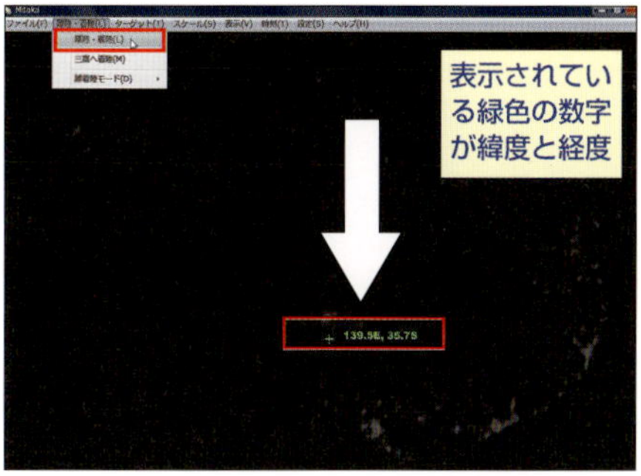

3 南半球の夜空を眺める

「139.5E, 35.7S」の地点に着陸し、プラネタリウムモードに切り替わります。星座の名前と星座線を表示して（28ページ参照）、南半球の星空を眺めます。

宇宙空間を旅する

宇宙空間モードでは、137億光年の宇宙空間を自由に旅することができます。
見たい惑星を拡大して表示したり、太陽系の構造をさまざまな角度から見たりなど、好みに合わせて操作してみましょう。

好みの惑星に移動してみよう

宇宙空間モードでは、［ターゲット］メニューから、太陽系の惑星や代表的な恒星、探査機などに移動することができます。これを使えば見たい天体をすぐに表示することができるので便利です。ここでは太陽系の木星に移動してみましょう。

1 地球から離陸して宇宙空間モードに切り替える

Mitakaを起動し、［離陸・着陸］メニューの［離陸・着陸］をクリックします。

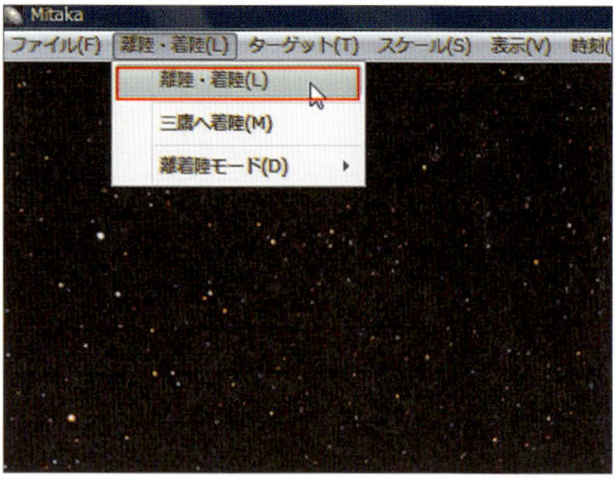

2 太陽系の木星に移動する

宇宙空間モードに切り替わります。［ターゲット］メニューの［太陽系］から［木星］をクリックします。

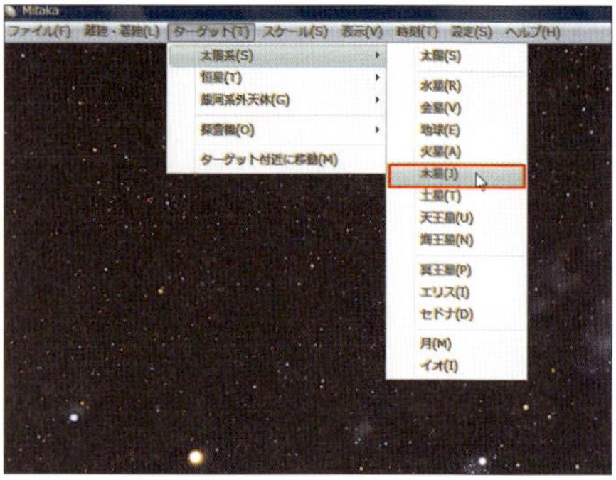

3 太陽系の木星が表示される

木星と木星の衛星が表示されます。

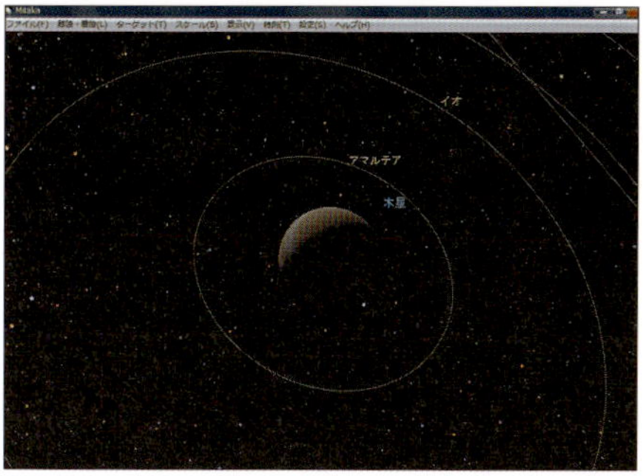

4 木星にズームインして着陸する

マウスホイールを前に回転させて木星にズームインします。木星の緯度と経度を表す緑色の数字が表示されます。［離陸・着陸］メニューの［離陸・着陸］をクリックします。

One Point

ターゲットから離れすぎている場合は、［ターゲット］メニューの［ターゲット付近に移動］をクリックすると、ターゲットの近くまで一気に移動できます。

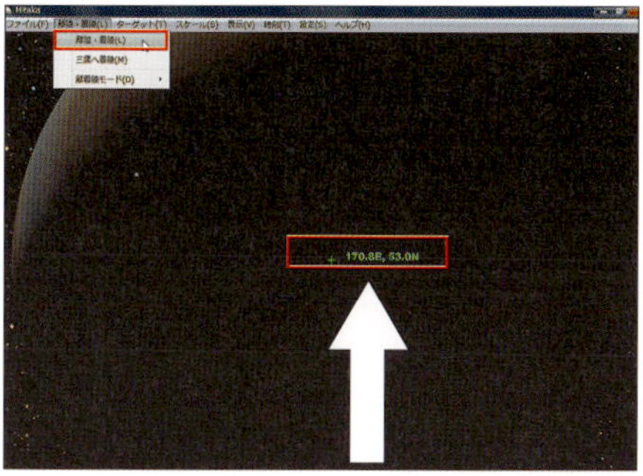

5 木星から見える星空を眺める

木星に着陸すると、プラネタリウムモードに切り替わります。星座の名前と星座線を表示して（28ページ参照）、木星から見える星空を眺めます。

One Point

ほかの惑星も同様の操作で着陸することができます。

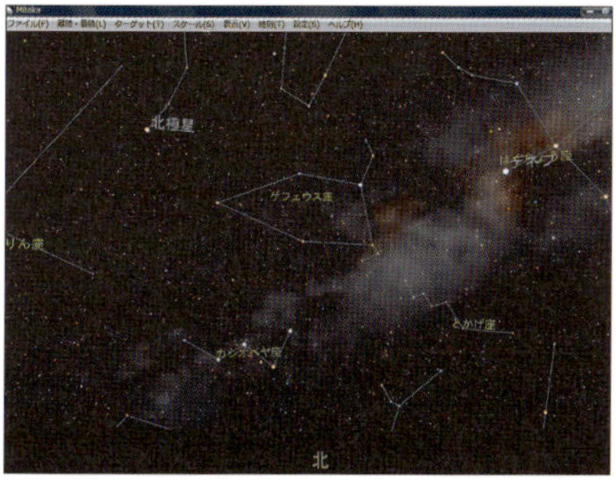

惑星を拡大して表示しよう

137億光年の宇宙空間は広大で、太陽系の惑星は宇宙空間では点にもなりません。Mitakaの初期設定では惑星は実際の大きさに基づいて表示されるので小さくしか見えませんが、拡大して表示する方法を紹介します。

1 太陽系を表示する

Mitakaを起動し、［離陸・着陸］メニューの［離陸・着陸］をクリックして宇宙空間モードに切り替えます。ズームアウトして太陽系を表示します。

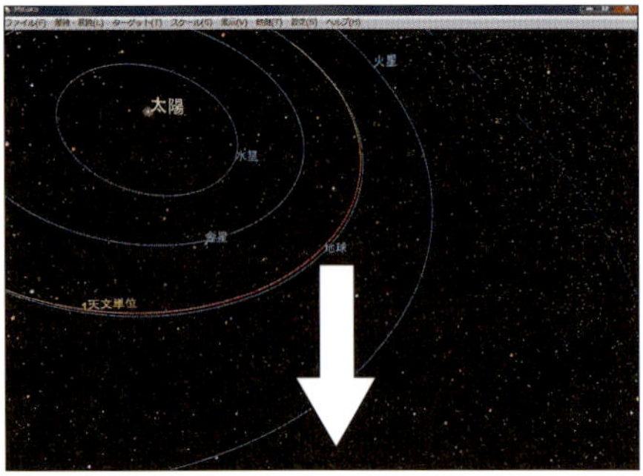

2 惑星を拡大して表示する

［表示］メニューの［惑星］の［拡大率］から［拡大2］をクリックします。

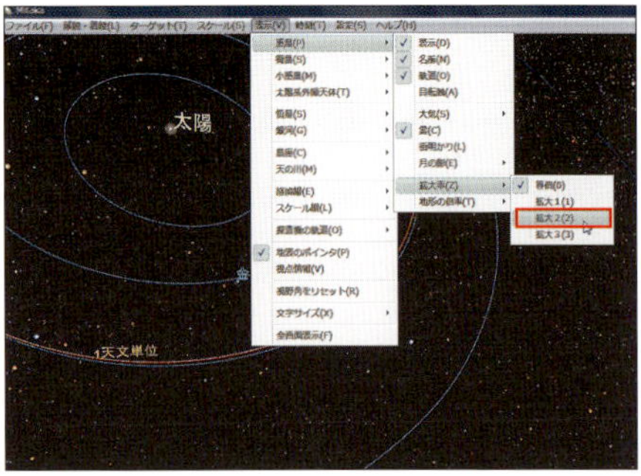

3 惑星が拡大して表示される

惑星が拡大して表示されます。ドラッグして見やすい角度に変えましょう。

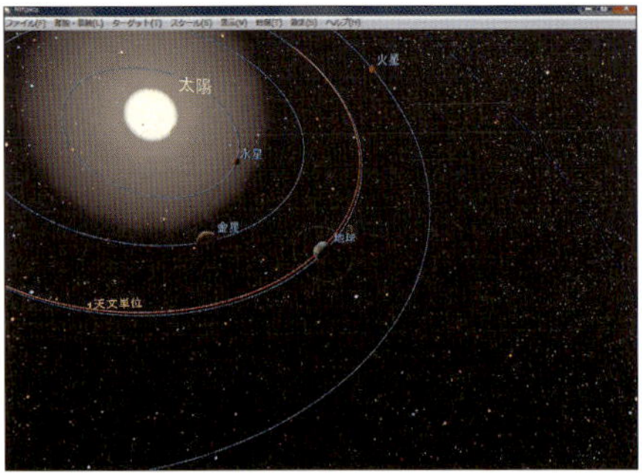

One Point

［拡大1］は500倍、［拡大2］は1000倍、［拡大3］は1500倍です。

惑星を自転させてみよう

惑星や惑星の衛星などに移動して時刻を進めれば、それぞれの天体を自転させることができます。Mitakaでは、マウスの左ボタンを押し続ければ時刻がどんどん進むので、連続で自転を楽しむことができます。

1 太陽系の木星に移動する

Mitakaを起動し、[離陸・着陸] メニューの [離陸・着陸] をクリックして宇宙空間モードに切り替えます。[ターゲット] メニューの [太陽系] から [木星] をクリックします。

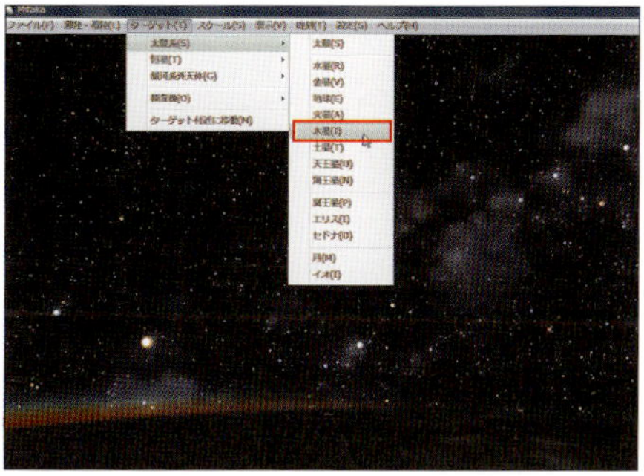

2 進める時刻の単位を設定する

木星に移動します。マウスホイールを前に回転させてズームインします。[時刻] メニューの [1時間] をクリックします。

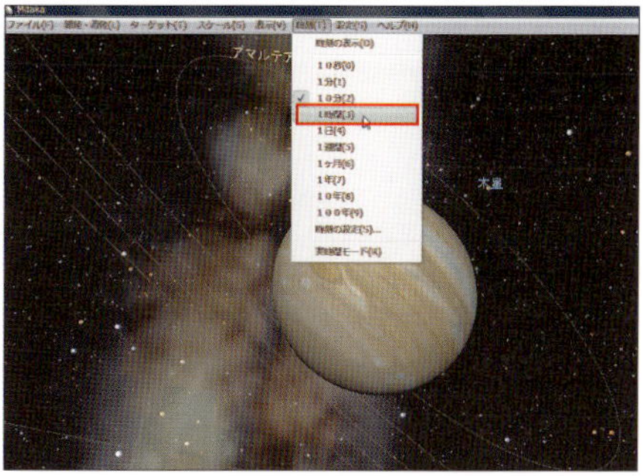

3 木星を自転させる

ウィンドウの右上にマウスポインタ合わせせると表示される [+] をクリックします。マウスの左ボタンを押し続けたぶんだけ時刻が進み、木星が自転します。

One Point
木星の場合は、衛星の公転も見ることができます。

惑星を公転させてみよう

太陽系を表示して時刻を進めれば、それぞれの天体の公転を見ることができます。そのままでは惑星の動きがわかりづらいので、[拡大率] を変えて時刻を進めましょう。ここでは [拡大2] にして地球が公転する様子を見てみましょう。

1 太陽系を表示する

Mitakaを起動し、[離陸・着陸] メニューの [離陸・着陸] をクリックして宇宙空間モードに切り替えます。ズームアウトして太陽系を表示します。

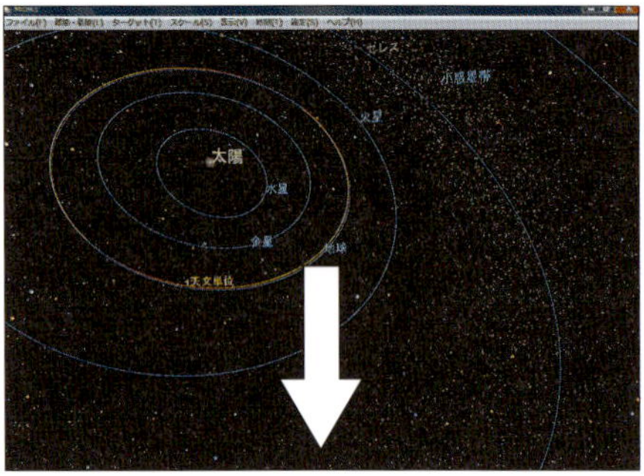

2 進める時刻の単位を設定する

[表示] メニューの [惑星] の [拡大率] から [拡大2] をクリックして惑星を拡大し、[時刻] メニューの [1日] をクリックします。

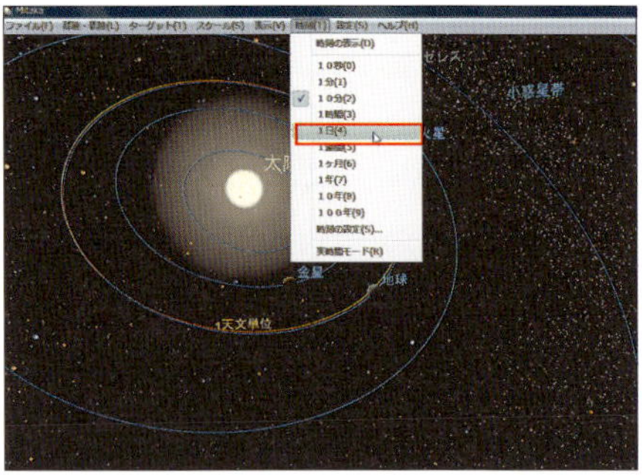

3 地球を公転させる

ウィンドウの右上にマウスポインタを合わせると表示される [+] をクリックします。マウスの左ボタンを押し続けたぶんだけ時刻が進み、地球が公転します。

One Point

太陽をターゲットにすれば、太陽系を固定した状態で、惑星の公転を見ることができます。

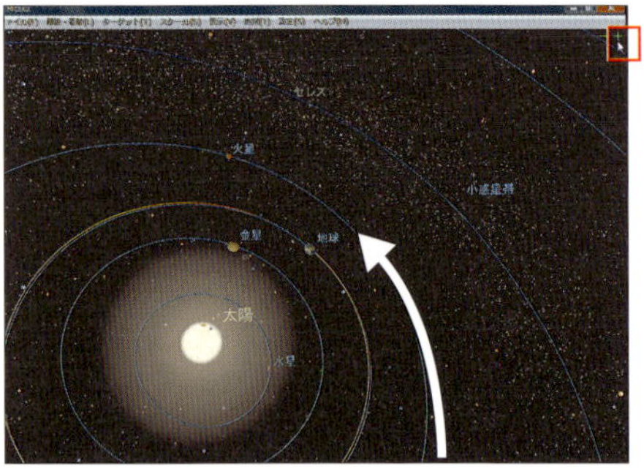

地球を中心にスケールを広げてみよう

Mitakaの魅力は、地球上から137億光年まで、非常に滑らかにズームイン・ズームアウトができることです。マウスホイールを後ろに回転させ続ければ、どんどんスケールを広げられ、宇宙空間における地球の位置を知ることができます。

1 太陽系を表示する

Mitakaを起動し、［離陸・着陸］メニューの［離陸・着陸］をクリックして宇宙空間モードに切り替えます。ズームアウトして太陽系を表示します。

One Point

ウィンドウの右下にマウスポインタを合わせると表示される［－］［＋］クリックしてズームアウトすることもできます。

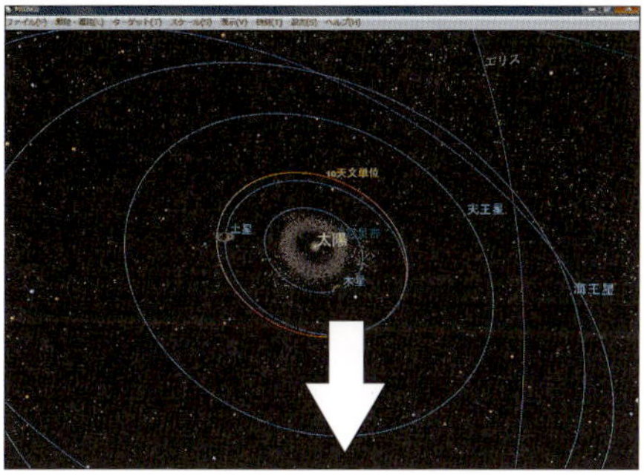

2 銀河系を表示する

さらにズームアウトしていくと銀河系が表示されます。

One Point

お使いのパソコンによっては、無数の星を表示させるため、動作が遅くなることがあります。

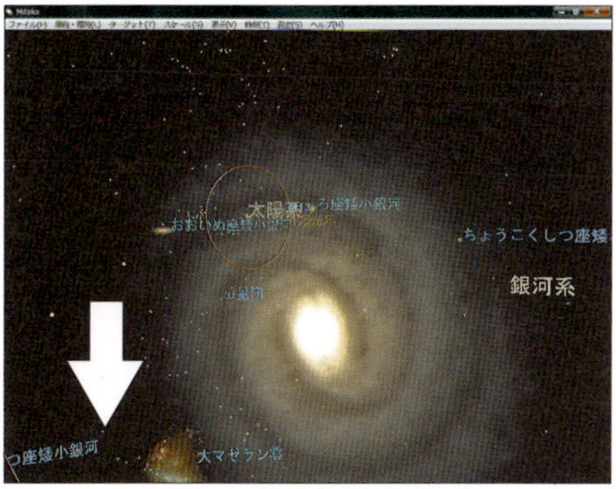

3 宇宙の大規模構造を表示する

さらにズームアウトしていくと宇宙の大規模構造が表示されます。

One Point

［スケール］メニューを使えば、一気に目的のスケールで表示することができます。

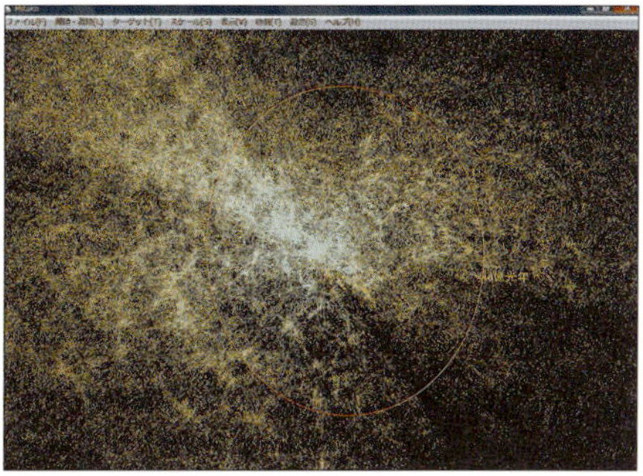

画面全体に宇宙を表示させよう

Mitakaでは、パソコンの画面全体に宇宙空間を表示させることも可能です。メニューを使って目的のスケールで表示したら、あとはマウスだけで宇宙空間を移動してみましょう。ダイナミックな宇宙空間が楽しめます。

1 太陽系を表示する

Mitakaを起動し、［離陸・着陸］メニューの［離陸・着陸］をクリックして宇宙空間モードに切り替えます。ズームアウトして見たいスケールで表示します。

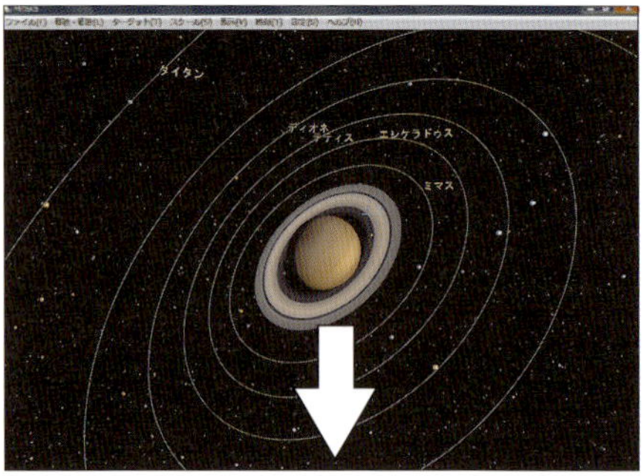

2 全画面表示に切り替える

［表示］メニューの［全画面表示］をクリックします。

One Point

［Alt］＋［Enter］キーを押して全画面表示にすることもできます。

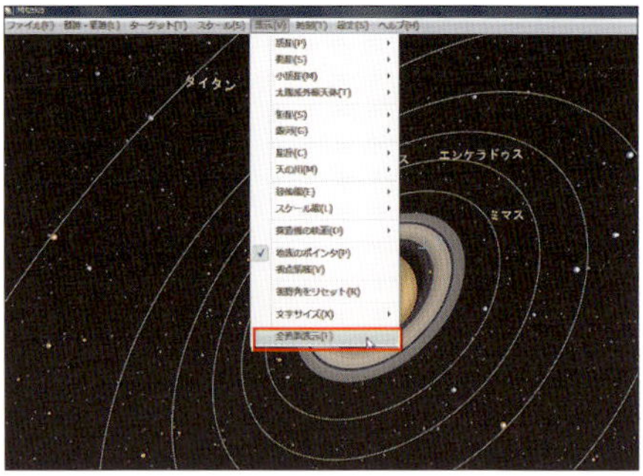

3 パソコンの全画面に宇宙空間が表示される

パソコンの画面全体に宇宙空間が表示されます。全画面表示を終了したい場合は、［Esc］キーを押します。

Part 3

Mitakaで宇宙の世界へ

Mitakaの基本操作を覚えたら、早速、宇宙空間へ飛び出しましょう。
Mitakaでは、簡単に表示スケールを変えたり、時刻を進めたりできるので、
自分の見たい空間や時間へすぐに移動することができます。
ここでは、わたしたちの住む地球からはじめて、
太陽系、銀河系、宇宙の大規模構造へと進み、
それぞれの天体や宇宙空間の見所を紹介します。

表面に液体の海を持つ惑星

生命の惑星・地球

わたしたちが生活している地球は、太陽系の3番目の惑星です。
また、太陽系で唯一、生命が存在する惑星でもあります。
なぜ地球に生命が誕生したのか、その秘密は「海」にあります。

安定した「海」の存在により生命が誕生

地球は太陽系の惑星のひとつで、水星、金星に次いで太陽に3番目に近い惑星です。

地球の直径は約1万3000km、公転周期は約365日、自転周期は24時間。太陽までの平均距離は約1億5000万kmです。

地球が誕生したのは、今から約46億年前のことです。微惑星と呼ばれる小天体が衝突と合体を繰り返して、原始地球が生まれたと考えられています。

地球は外側から、岩石質の地殻、マントル、ドロドロに溶けた金属（鉄やニッケル）の外核、金属の固体の内核という構造に分けられます。

生まれたばかりの地球は、現在の姿とは異なり、微惑星の衝突による熱で岩石が溶け、マグマが広がり、二酸化炭素と水蒸気の大気に覆われていました。

地球の最大の特徴は、水と生命が存在することです。地球の表面の約70％は液体の海で覆われています。このように水が存在する惑星は地球だけです。海が数10億年にわたって存在したことが、地球に生命が生まれた最大の原因だと考えられています。

水と生命が存在する惑星・地球。4層から成る

もし地球が金星のように太陽の近くを回っていたら、気温数百度の灼熱の惑星になっていたでしょう。逆に火星のように太陽から遠く離れていたら、氷に閉ざされた極寒の惑星になっていました。また地球の大きさが月くらいだったら、重力が弱すぎて水を引きつけておけず、砂漠のような世界になっていたでしょう。

約40億年前、地球での生命の誕生は、地球環境の奇跡的なバランスのうえに成り立ったことなのです。

さまざまな角度から地球を見てみよう

離陸して宇宙空間モードに切り替えたら、地球のさまざまな姿を見てみましょう。離陸した直後は画面の下側に地平線が薄く見えるだけですが、スケールを変えたり、角度を変えたりすることで、さまざまな場所を見ることができます。

1 1000万kmから地球を見る

離陸したら、［スケール］メニューの［1000万km］をクリックします。画面中央に地球が小さく表示され、地球の公転軌道と月の公転軌道が表示されます。

One Point

ここでは、惑星の拡大率を［拡大1］に設定しています。

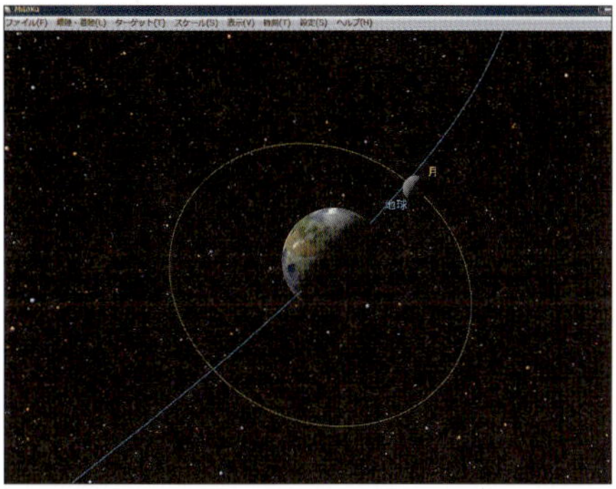

2 地球にズームインする

地球にズームインしてみましょう。地球が徐々に大きくなり、画面全体に地球が表示されます。

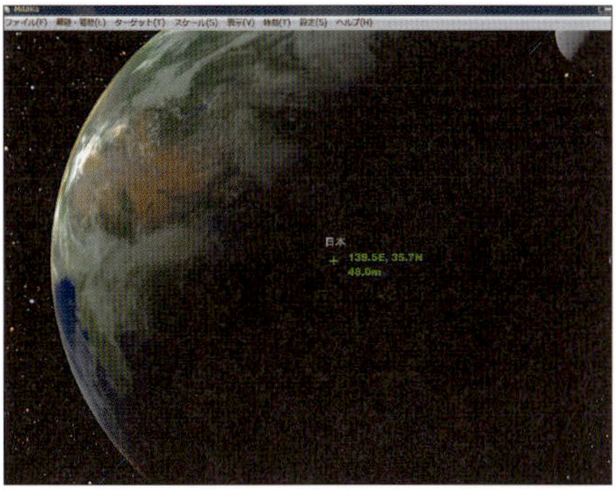

3 さまざまな角度から地球を見てみる

地球に近づいたら、上下左右にドラッグして、地球のさまざまな場所を見てみましょう。「日本」や「ハワイ島」、「南極」など、ポイントとなる場所には名称が表示されるので、見たい場所を表示します。ここでは北極を表示しています。

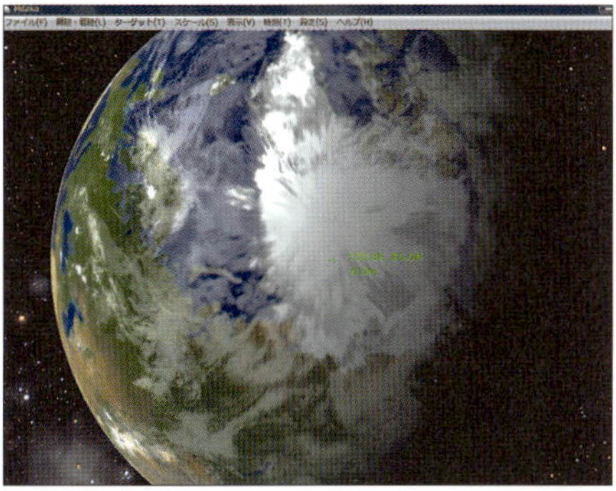

雲を非表示にして地形を見てみよう

太陽光が当たっている昼の地域の表面に白く見えているのが雲です。Mitakaでは、地球にかかっている雲の表示・非表示を切り替えられます。大陸の輪郭や地形をはっきりと見たい場合は雲を非表示にしてみましょう。

1 雲を非表示にする

離陸して地球を表示したら、太陽光が当たっている昼の地域を表示し、[表示] メニューの [惑星] から [雲] をクリックします。雲が消え、大陸がはっきり見えるようになります。

One Point

同じ操作をしてチェックを付けると、雲が表示されます。

2 ビクトリア湖を見てみる

雲を非表示にしたら、さまざまな場所に移動してみましょう。ビクトリア湖を見たい場合は、ドラッグしてアフリカ大陸の東側を表示します。

One Point

ズームインすれば、「ビクトリア湖」の名称が表示されます。

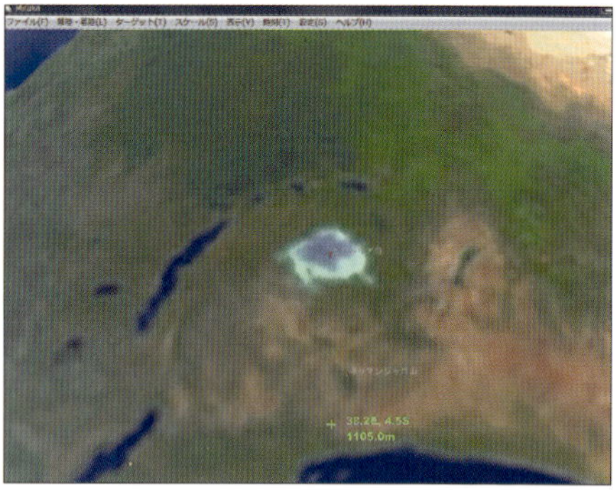

3 エベレスト山を見てみる

時刻を進めたり戻したりして、インド付近に太陽光が当たるようにします。上下左右にドラッグしてインドの北側付近を表示すると、エベレスト山を見ることができます。

One Point

[表示]メニューの[惑星]から[地形の倍率]を変更すると、地形を強調表示させることができます。

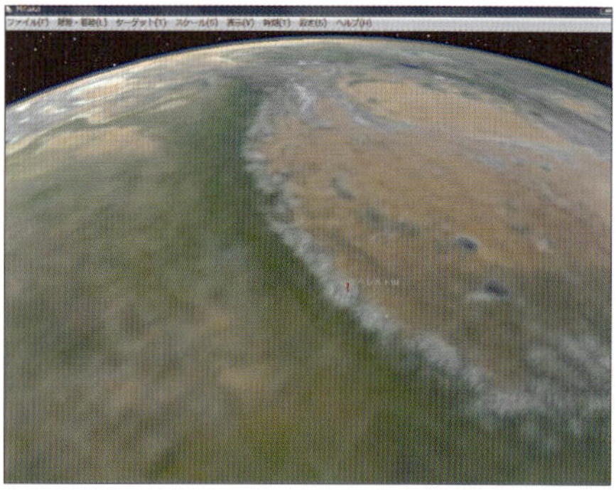

日食を見てみよう

Mitakaでは、太陽と地球の間に月が入ることによって生じる月の影を、地球上に表示させることができます。これを利用すれば、日食の様子が見られます。ここでは、2009年 7 月22日に日本から見える日食の様子を見てみましょう。

1 2009年7月22日に時刻を設定する

離陸して地球を表示したら、上下左右にドラッグして日本を表示し、［時刻］メニューの［時刻の設定］をクリックします。［時刻の設定］が表示されたら、「2009年7月22日11：00：00」に設定します。

One Point

42ページを参照して雲を非表示にしておくとよいでしょう。

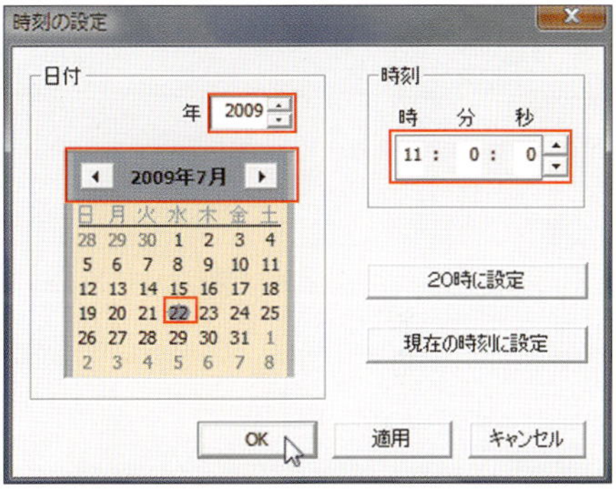

2 日食を表示する

［表示］メニューの［惑星］の［月の影］の［表示］にチェックが付いていることを確認し、［表示］メニューの［惑星］の［月の影］から［本影・半影の境界］をクリックしてチェックを付けます。地球上に月の影の境界線が表示されます。

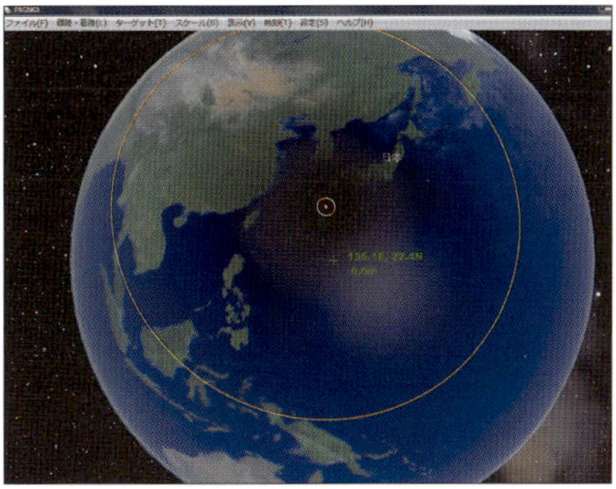

3 太陽と月の位置を把握しよう

日食時の太陽、月、地球の位置関係を見てみましょう。ズームアウトして3つの天体を表示します。上下左右にドラッグして見やすい配置にしてみましょう

One Point

ここでは、惑星の拡大率を［拡大2］に設定しています。

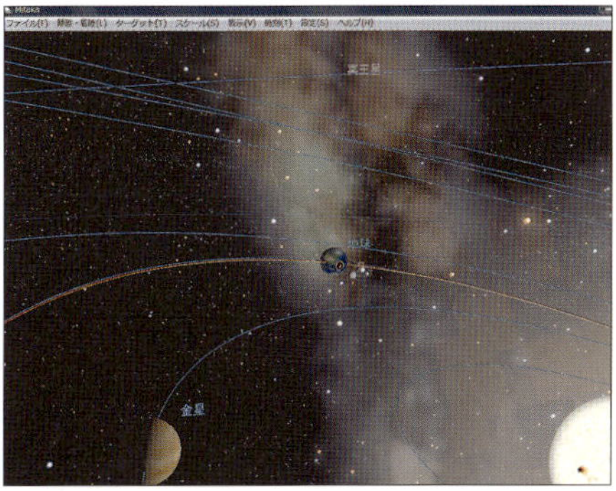

地球を自転させてみよう

惑星に自転軸を表示して時刻を進めれば、自転の様子を見ることができます。また、地球の場合は、太陽光が当たらない夜の地域に街明かりを表示させ、その動きを見ることも可能です。ここでは地球の昼の地域と夜の地域の２つの自転を見てみましょう。

1 自転軸を表示する

離陸して地球を表示したら、［表示］メニューの［惑星］から［自転軸］をクリックします。地球の自転軸を表示されます。上下左右にドラッグすると、自転軸の上部に「北極」、下部に「南極」があることがわかります。

One Point

同じ操作をしてチェックをはずすと、自転軸が非表示になります。

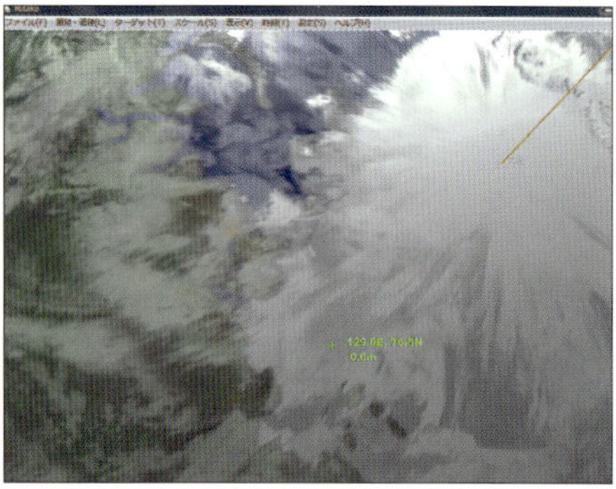

2 地球を自転させる

ウィンドウの右上にマウスポインタを合わせると表示される［＋］をクリックします。マウスの左ボタンを押し続けたぶんだけ時刻が進み、地球が自転します。

One Point

進める時刻の単位を変更したい場合は、［時刻］メニューから行います（30ページ参照）。

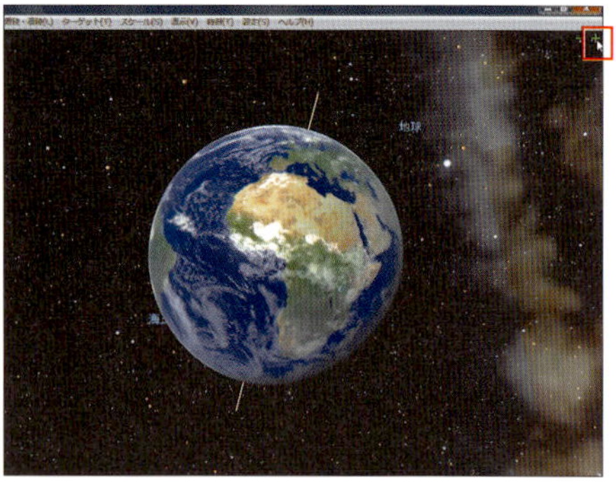

3 夜の地域の自転を見る

太陽光が当たらない夜の地域は、［表示］メニューの［惑星］から［街明かり］をクリックして街明かりを表示することができます。この状態で自転させると、街明かりが動く様子を見ることができます。

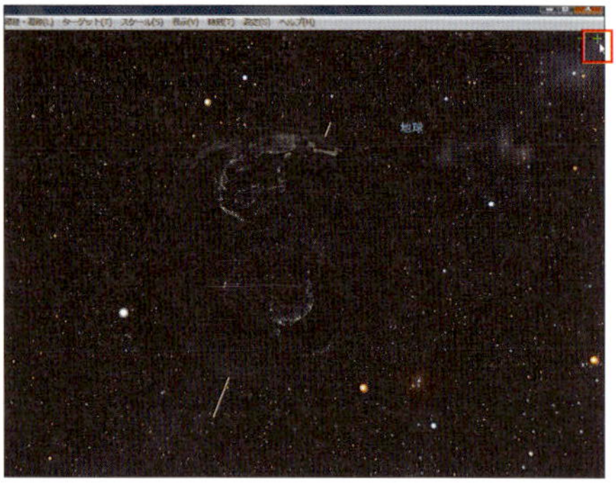

地球上から宇宙を見よう

地球に着陸して、地球上から宇宙を眺めてみましょう。[離陸・着陸] メニューの [三鷹へ着陸] をクリックすると、どこからでも東京・三鷹市に着陸することができます。

1 東京・三鷹市へ着陸する

地球上から宇宙を眺めたい場合は、地球に着陸します。[離陸・着陸] メニューの [三鷹へ着陸] をクリックすると、東京・三鷹市に着陸することができます。

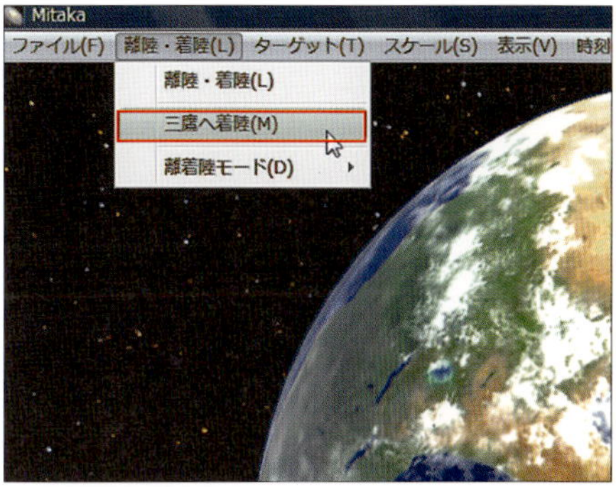

2 広角で星空を眺める

[表示] メニューの [星座] から [星座の名前] と [星座線] をクリックして星座を表示し、ズームアウトして視界を広げて星空を眺めてみましょう。

One Point

上下左右にドラッグして方角を変えて星座を見てみましょう。

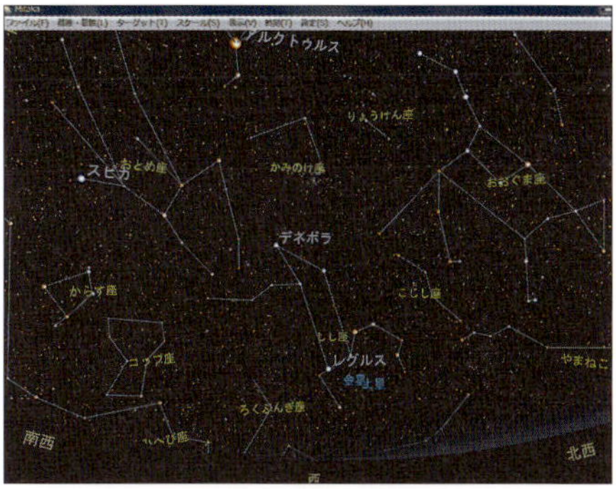

3 星の名前を表示する

初期設定では代表的な恒星の固有名しか表示されていませんが、[表示] メニューの [恒星] から [選択した固有名] をクリックしてチェックをはずせば、それ以外の恒星の名前も表示できます。さまざまな星の名前を調べて見ましょう。

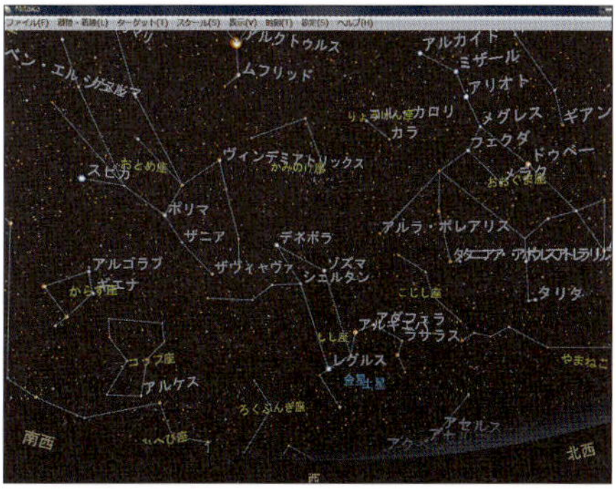

四季の星座を楽しもう

プラネタリウムモードでは、ズームイン・ズームアウトしたり、見る方角を変えたりするだけでなく、時刻を進めて星座や天体の動きを確認することもできます。ここでは、四季の星座を見てみましょう。

■春の星座

プラネタリウムモードで、[時刻] メニューの [時刻の設定] をクリックします。[時刻の設定] が表示されたら、「2008年4月1日」に設定して [OK] をクリックします。

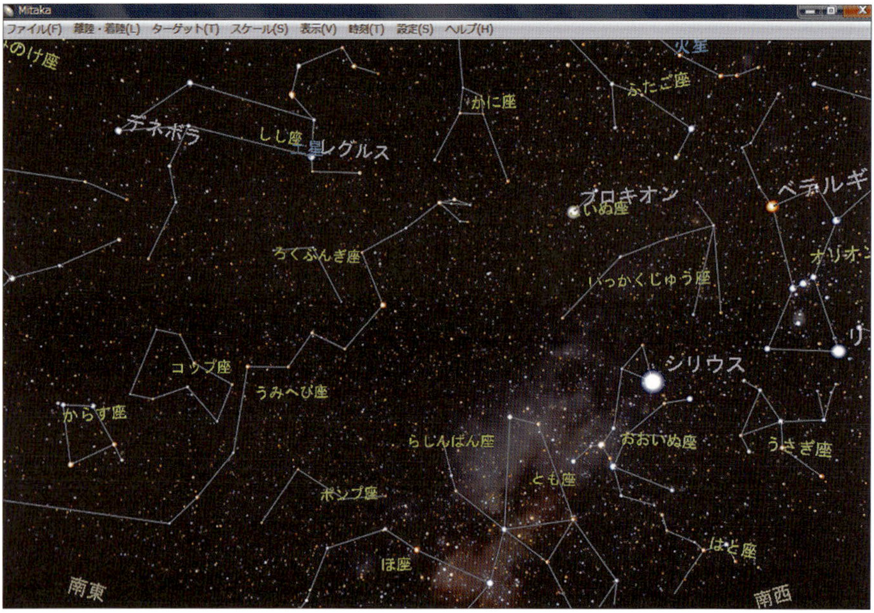

2008年4月1日20時の東京・三鷹市から見た南の空。
レグルスを含む「？」を逆にした形状のしし座の頭と、おおいぬ座のシリウスが見える。

■夏の星座

プラネタリウムモードで、[時刻] メニューの[時刻の設定] をクリックします。[時刻の設定] が表示されたら、「2008年7月1日」に設定して [OK] をクリックします。

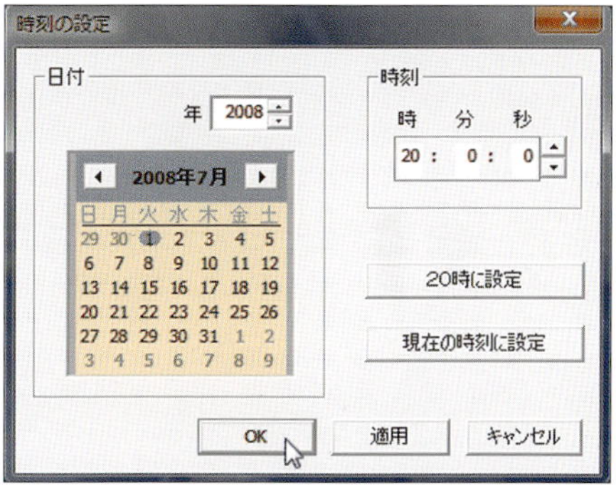

2008年7月1日20時の東京・三鷹市から見た南の空。
アンタレスを含む巨大なS字のさそり座が代表的で、東の空を表示すると、織姫のベガと彦星のアルタイルが見える。

■秋の星座

プラネタリウムモードで、[時刻] メニューの [時刻の設定] をクリックします。[時刻の設定] が表示されたら、「2008年10月1日」に設定して [OK] をクリックします。

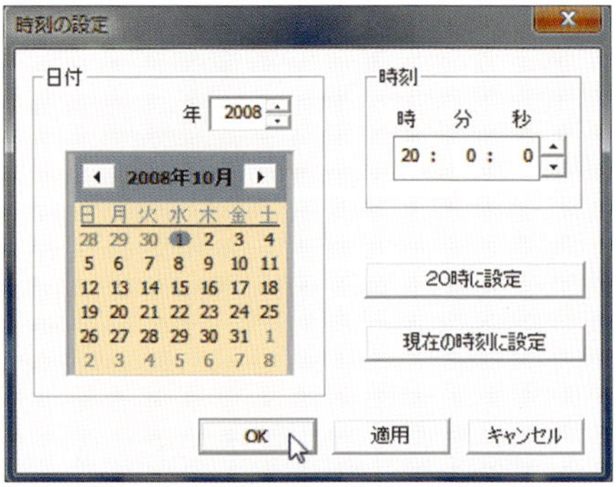

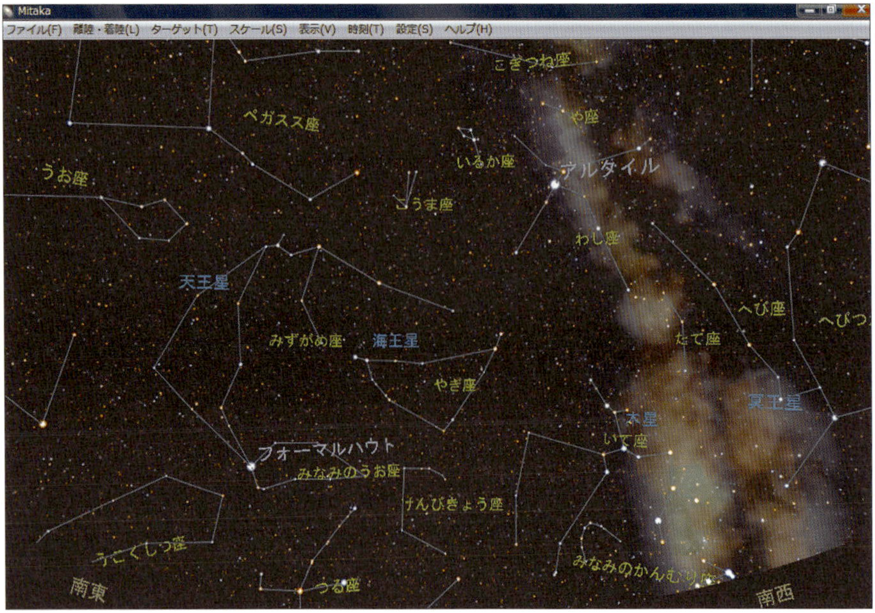

2008年10月1日20時の東京・三鷹市から見た南の空。
みなみのうお座のフォーマルハウトは「魚の口」を意味し、みずがめ座の水瓶から流れ出た水をフォーマルハウト（魚の口）が受けている。

■冬の星座

プラネタリウムモードで、[時刻] メニューの［時刻の設定］をクリックします。[時刻の設定］が表示されたら、「2009年1月1日」に設定して［OK］をクリックします。

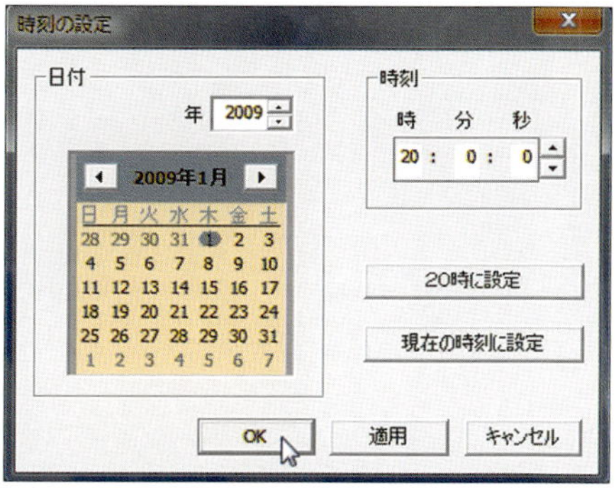

2009年1月1日20時の東京・三鷹市から見た南の空。
夏のさそり座から逃げるオリオン座が代表的で、天頂付近にはおうし座のヒヤデス星団とすばるが見える。

謎に満ちた地球の衛星

輝く地球の衛星・月

月は地球の唯一の衛星です。しかし、その実態は、
いまだに謎に覆われています。最大の謎のひとつが
「月はどのようにできたのか」という起源に関するものです。

最大の謎のひとつは月の起源

月は地球の唯一の衛星です。直径は約3476km、地球からの平均距離は約38万kmです。月は地球を回る公転周期と自転周期が同じ（27.3日）なので、いつも同じ面を地球に向けています。また、公転によって太陽光の当たり方が変わるため、月は約29.5日の周期で満ち欠けを繰り返しています。

月の表面の暗く見える平らなところは「海」、クレーターに覆われて明るく見えるところは「高地」と呼ばれています。なぜか「海」があるのは表側だけで、裏側は無数のクレーターに覆われています。

今なお数多くの謎を抱える月ですが、最大の謎のひとつは月の起源に関するものです。おもに次の4つの説が考えられています。

■捕獲説（他人説）

月は、太陽系のどこかで生まれ、地球に捕らえられたという説。

起源にいまだ謎の多い衛星・月。「高地」と「海」を持つ

■親子説（分裂説）

地球の一部がちぎれて月になったという説。

■双子説（兄弟説）

月は地球と同じ頃に生まれ、いっしょに成長してきたという説。

■ジャイアント・インパクト（巨大衝突）説

地球が生まれた直後に、火星くらいの大きさの原始惑星が衝突し、両方の天体から飛び散った物質が集まって月ができたという説。

現在では、「ジャイアント・インパクト説」がもっとも有力だと考えられています。

月と地球の距離を確認してみよう

地球上から月を見ると、ほかの恒星とは比較にならないほど大きくて明るく、すぐ近くにあるように感じられます。しかし実際は、地球の直径の約30倍に相当する約38万kmも離れています。月からズームアウトして地球との距離を見てみましょう。

1 月に移動する

離陸したら、[ターゲット] メニューの [太陽系] から [月] をクリックします。画面中央に月が表示されます。

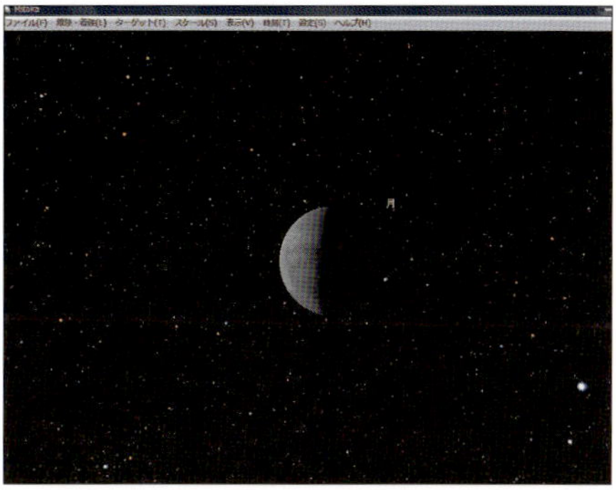

2 ズームアウトして月と地球を表示する

月からズームアウトしてみましょう。月が徐々に小さくなり、月の公転軌道と地球が表示されます。

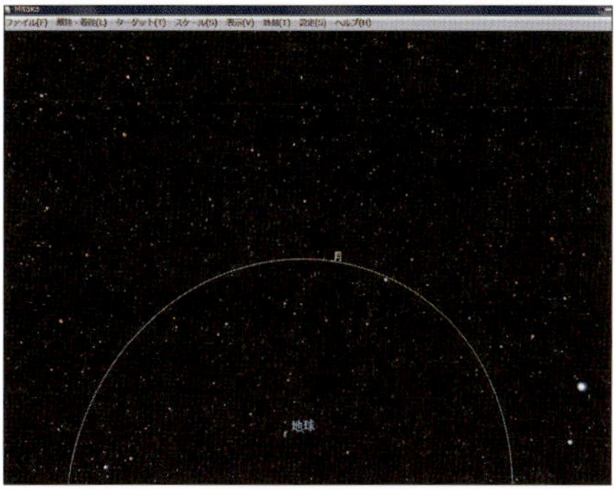

3 ドラッグして見やすい角度にする

上下左右にドラッグしたり、時刻を進めたりして月と地球を見やすい位置に並べてみましょう。月と地球の位置関係が把握できます。

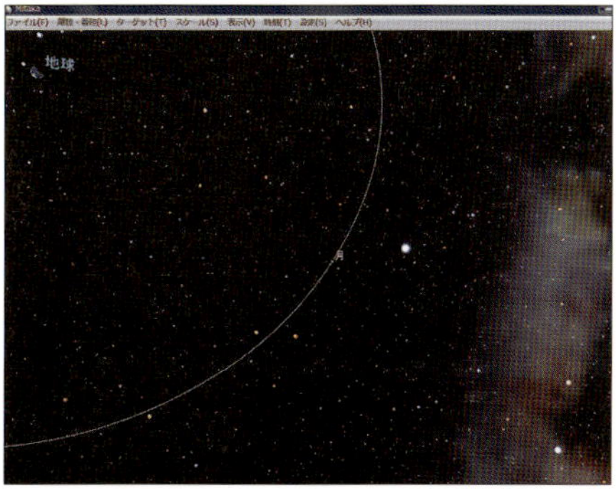

クレーターの大きさを測ってみよう

月のクレーターの大きさを測ってみましょう。スケール線を表示させると、画面上に表示されている天体の大きさなどを測ることができます。スケール線は［表示］メニューの［スケール線］で表示・非表示を切り替えられます。

1 クレーターを探す

離陸して月に移動したら、ズームインし、上下左右にドラッグしたり時刻を進めたりして、大きさを測りたいクレーターを探してみましょう。

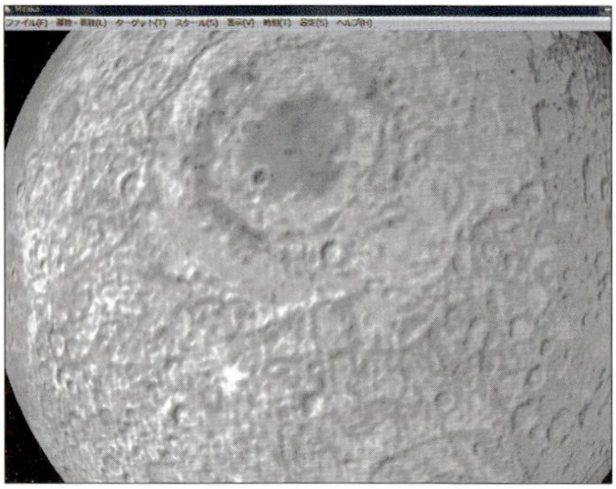

2 スケール線を表示する

クレーターの大きさを測ってみましょう。［表示］メニューの［スケール線］から［スケール線（四角）］をクリックしてチェックを付けます。画面中央にスケール線が表示されます。

One Point

スケール線の10^5mは100km四方、10^6 mは1000km四方を表します。

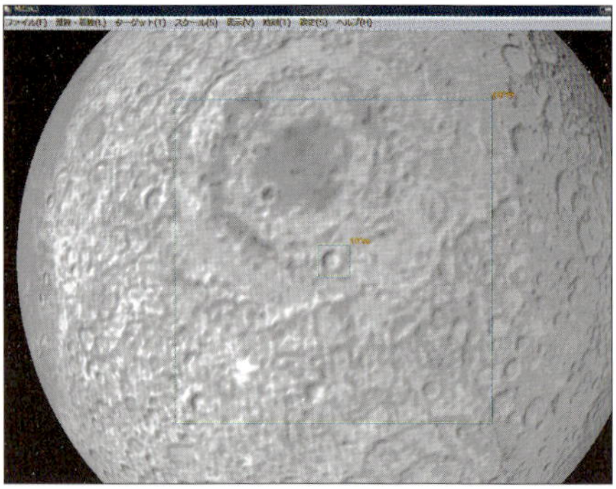

3 クレーターの大きさを測る

測りたいクレーターをドラッグして画面中央に表示します。スケール線の数字がよく見えない場合は、［表示］メニューの［文字サイズ］から［最大］をクリックします。

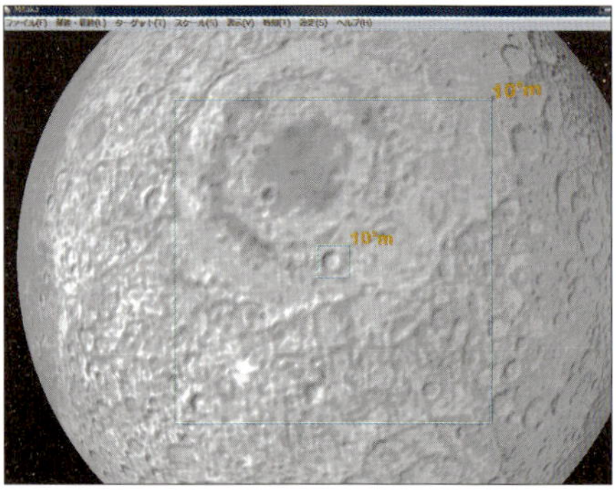

月から日食を見てみよう

43ページで紹介した2009年７月22日の日食は、月をターゲットにして表示すると、地球とは違った角度から見ることができます。２つの天体に太陽光が当たっている状態で見られるため、より美しく表示することができます。

1 2009年7月22日に時刻を設定する

離陸して月に移動したら、[時刻] メニューの[時刻の設定] をクリックします。[時刻の設定] が表示されたら、「2009年7月22日11：00：00」に設定します。

One Point

ここでは、惑星の拡大率を［拡大1］に設定しています。

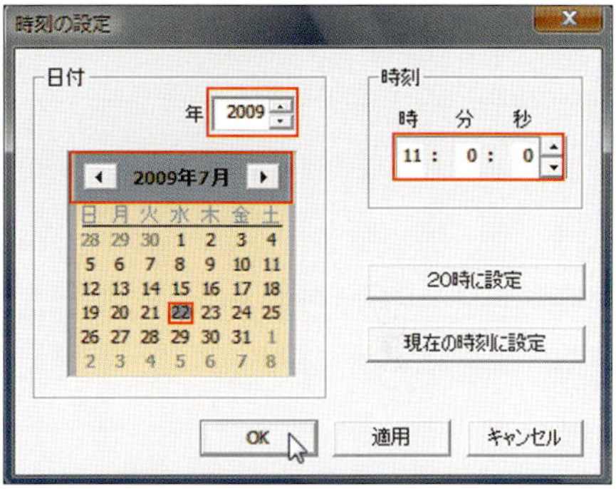

2 日食を表示する

［表示］メニューの［惑星］の［月の影］の［表示］にチェックが付いていることを確認し、［表示］メニューの［惑星］の［月の影］から［本影・半影の境界］をクリックしてチェックを付けます。地球上に月の影の境界線が表示されます。

3 月と地球を重ねてみる

月の後ろに地球が入るように、上下左右にドラッグしてみましょう。月によって太陽光がさえぎられる様子がわかります。

One Point

惑星を拡大して表示した場合は、拡大された天体の影が惑星に表示されます。そのため、実際に日食が見えない地域にも影が表示されます。

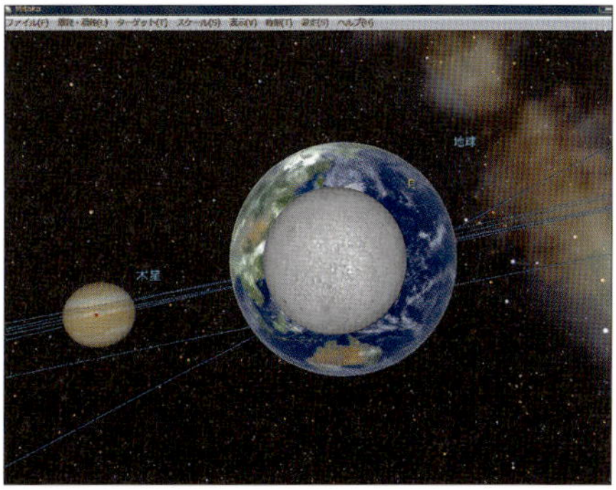

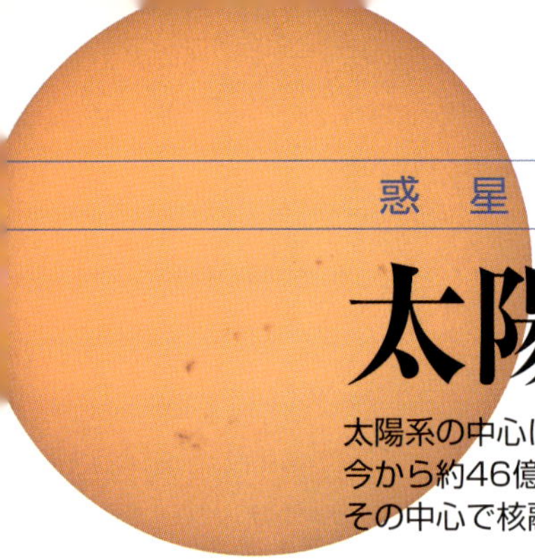

惑星を率いる灼熱の恒星

太陽系の核・太陽

太陽系の中心にある恒星、それが太陽です。
今から約46億年前、宇宙のガスが集まって収縮し、
その中心で核融合反応が起こって、太陽が輝きはじめました。

膨大なエネルギーを放出し輝きつづける恒星

太陽は、太陽系の中心に位置する恒星です。直径は約139万km、質量は地球の約33万倍で、太陽系全体の質量の99.8%を占めています。

太陽は、銀河系に約2000億あると考えられている恒星のひとつで、宇宙ではありふれた星と言えます。

太陽の質量の約75%が水素、約25%がヘリウムと考えられています。

宇宙のガスが集まって、太陽が生まれたのは、今から約46億年前のことです。太陽の中心は、重力によって高温高圧の状態になっていて、温度は1500万度にも達します。そこでは、水素原子４個が融合してヘリウム原子１個になる「核融合反応」が起こっています。この反応から生み出される膨大なエネルギーによって、太陽は輝いているのです。

太陽の表面の層を光球と言い、表面温度は約6000度あります。太陽の表面に、黒いしみのように見える部分を黒点と言い、温度は約4000度あります。黒点は、ほかの部分よりも温度が低いので黒く見えるのです。黒点の大きさは1000km～数万kmに及びます。

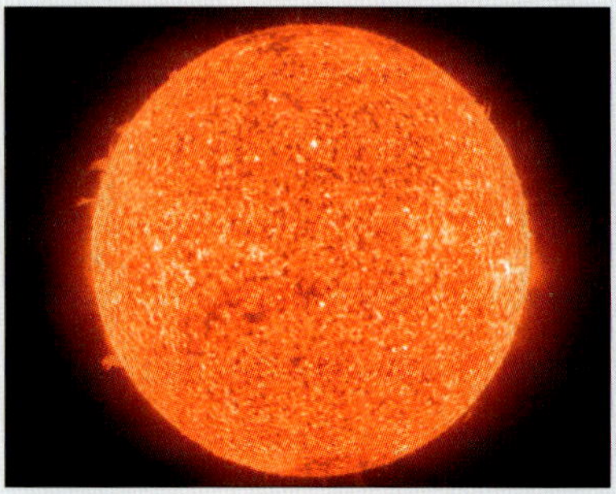

膨大なエネルギーを放出し続ける太陽。質量は地球の約33万倍

太陽の寿命は約100億年と考えられています。最期が近づくと、太陽は膨張し、表面温度は下がって赤色巨星になります。さらに膨張すると、表面からガスがどんどん放出され、最後には白く輝く白色矮星となって、その生涯を終えると考えられています。白色矮星は、核融合反応が終わり、外装部が宇宙空間に放出され、中心核だけが冷えて残った状態の星です。

太陽系の惑星を確認しよう

太陽を訪れる前に太陽系全体を表示してみましょう。太陽系は、[スケール] メニューの [10天文単位] で土星まで、[100天文単位] で冥王星まで見ることができます。100天文単位からズームインして惑星の位置関係を把握しましょう。

1 太陽系全体を表示する

離陸したら、[スケール] メニューの [100天文単位] をクリックします。太陽系が表示されます。

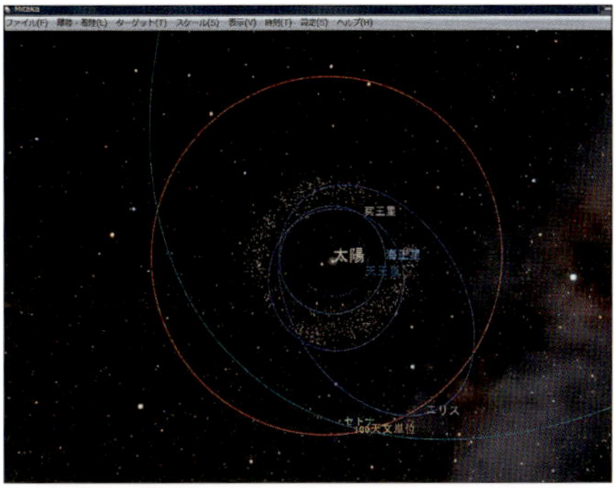

One Point

ここでは、惑星の拡大率を [拡大2] に設定しています。

2 10天文単位までズームインする

[ターゲット] メニューの [太陽系] から [太陽] をクリックして太陽をターゲットにし、ズームインを開始します。10天文単位付近で、土星と木星、その内側の小惑星帯が見えてきます。

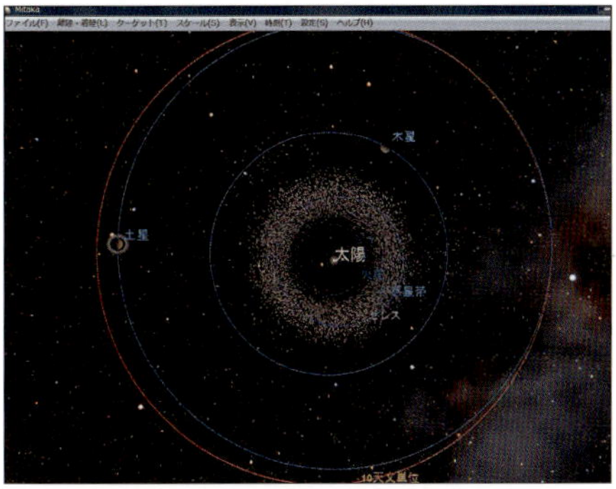

3 1天文単位までズームインする

さらにズームインを続け、1天文単位付近で、地球と内惑星、太陽が見えてきます。

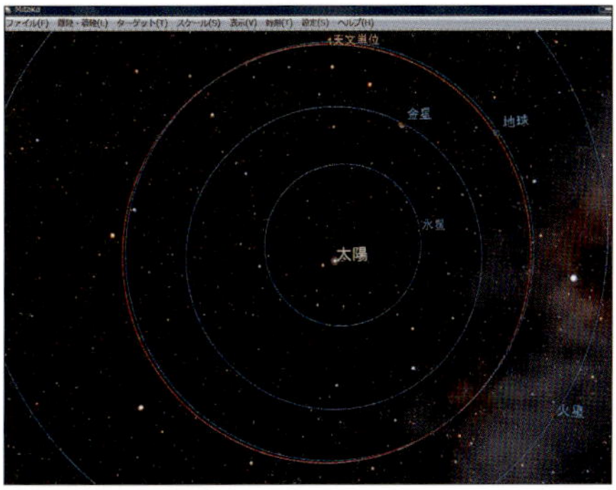

One Point

1天文単位とは太陽と地球の間の平均的距離で、1天文単位は約1億5000万kmに相当します。

太陽系の惑星を並べて表示しよう

太陽系の惑星の公転軌道は、だいたい同じ平面上にあるため、太陽系を真横から表示すれば、惑星を１列に並べることもできます。ここでは、小惑星帯や惑星の公転軌道、スケール線を非表示にして、惑星を並べて表示してみましょう。

1 太陽系を真横から表示する

離陸してターゲットを太陽に設定したら、木星や土星が見える位置までズームアウトします。上下左右にドラッグし、惑星を真横から表示します。

One Point

ここでは、惑星の拡大率を［拡大率2］に設定しています。

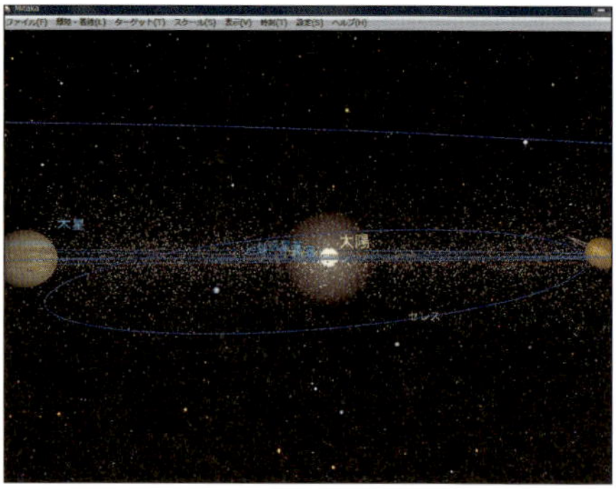

2 小惑星帯と軌道を非表示にする

時刻を進めたり左右にドラッグしたりして、できるだけ多くの惑星を表示します。［表示］メニューの［小惑星帯］から［表示］をクリックしてチェックをはずし、小惑星帯を非表示にします。同様に、［表示］メニューの［惑星］から［軌道］をクリックしてチェックをはずし、惑星の公転軌道を非表示にします。

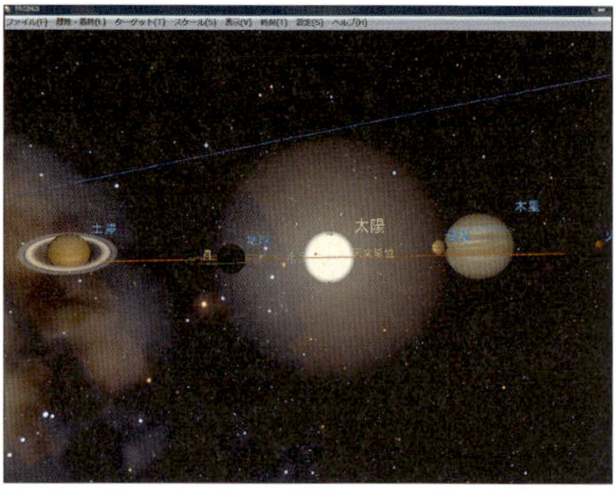

3 スケール線を非表示にする

［表示］メニューの［スケール線］から［スケール線（円）］をクリックしてチェックをはずし、スケール線を非表示にします。これで1列に並んだ惑星をはっきり見ることができます。

黒点を調べてみよう

太陽には、表面より温度が低い部分の黒点が表示されています。黒点の数や形は、太陽活動によって変化します。ここでは、太陽にズームインして、黒点の形や大きさを調べてみましょう。

1 黒点を探す

離陸して太陽に移動したら、ズームインし、太陽を画面全体に表示します。上下左右にドラッグして黒点を探してみましょう。

2 スケール線を表示する

黒点の大きさを測ってみましょう。［表示］メニューの［スケール線］から［スケール線（四角）］をクリックします。画面中央にスケール線が表示されます。

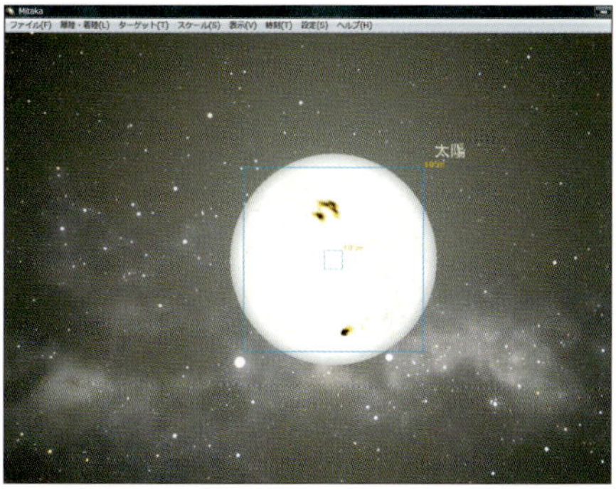

3 黒点の大きさを測る

黒点の大きさに合わせて、10^9mと10^8mのスケール線が表示されます。測りたい黒点をドラッグして画面中央に表示します。

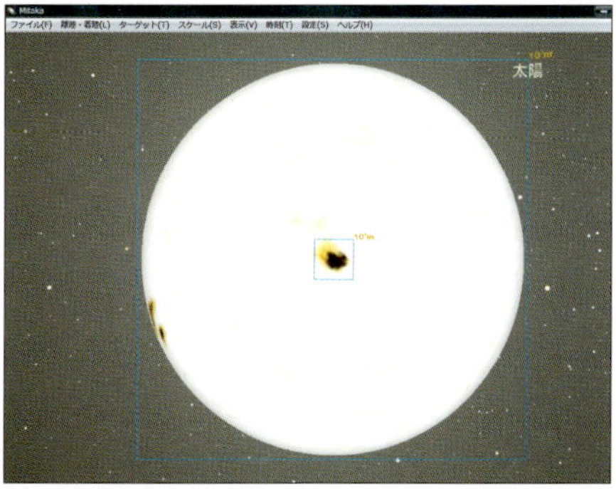

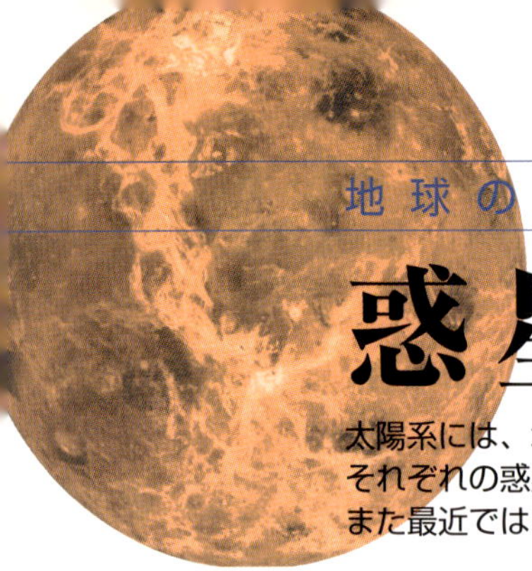

地球の内と外に位置する8つの惑星

惑星の基礎知識

太陽系には、水星から海王星まで8つの惑星が存在し、
それぞれの惑星は、地球とは異なった特徴を持っています。
また最近では、太陽系外にある惑星の存在も大きく注目されています。

太陽系の惑星は大きく3つに分類される

恒星の周りを回っている星を「惑星」と言います。太陽系の惑星は水星、金星、地球、火星、木星、土星、天王星、海王星の8つです。冥王星は、現在では「準惑星（dwarf planet）」に分類されています。

地球より内側を回っている水星、金星を「内惑星」、地球の外側を回る火星、木星、土星、天王星、海王星を「外惑星」と呼びます。

太陽系の惑星は、大きく次の3つに分類されます。

■岩石型惑星（地球型惑星）

水星、金星、地球、火星のように、おもに岩石や金属でできている惑星。

■巨大ガス惑星（木星型惑星）

木星、土星のように、大量の水素ガスやヘリウムガスの中心に、氷や岩石でできた核がある惑星。

■巨大氷惑星（天王星型惑星）

天王星、海王星のように、おもに水やメタン、アンモニアが凍った氷でできた惑星。

太陽の周りを回る8つの惑星。冥王星は「準惑星」に分類された

観測技術の発達に伴って、最近では、太陽系の外にある惑星（太陽系外惑星）も次々に発見されています。

1995年に発見されたペガスス座51番星の惑星は、質量が木星の0.47倍という大きさで、中心星（ペガスス座51番星）までの距離が、地球から太陽までの20分の1。しかもたった4.2日で中心星の周りを公転しているという常識はずれの惑星でした。現在では、200以上の太陽系外惑星が発見されています。

一晩ですべての惑星を見よう

2007年6月2日は、水星が太陽からもっとも離れて見える最大離角、9日には金星も最大離角となり、近くには土星もあります。そのため、6月1～10日あたりは、水星から海王星までのすべての惑星を一晩で観察できます。

1 西の空を表示する

東京・三鷹市に着陸したら、［表示］メニューの［経緯線］から［黄道］を表示し、［時刻］メニューの［時刻の設定］で「2007年6月2日20：00：00」に設定します。西の空の黄道上に、水星、金星、土星が見えます。

One Point

ここでは、惑星の拡大率を［拡大3］に設定しています。

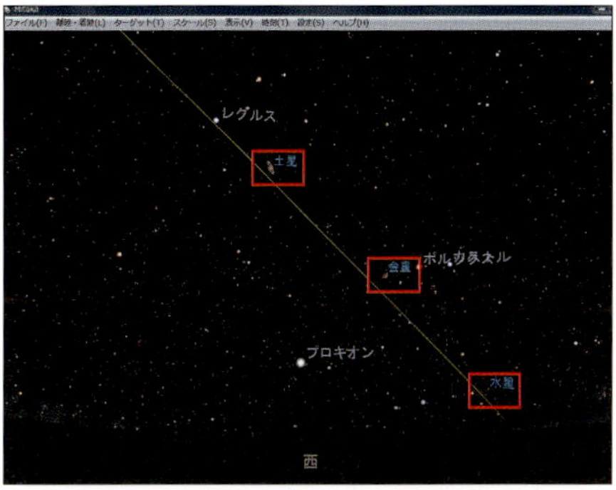

2 南東の空で木星を見る

上下左右にドラッグして南東の空を表示し、ウィンドウの右上にマウスポインタを合わせると表示される［+］をクリックして時刻を進めます。21時ごろに木星が現れます。

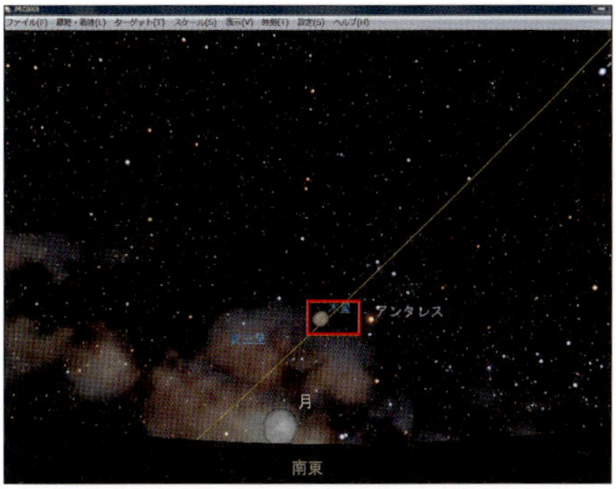

3 残りの星を見る

南東の空を表示した状態で時刻を進めます。午前0時ごろから午前2時半ごろにかけて、海王星、天王星、火星の順に惑星が現れます。

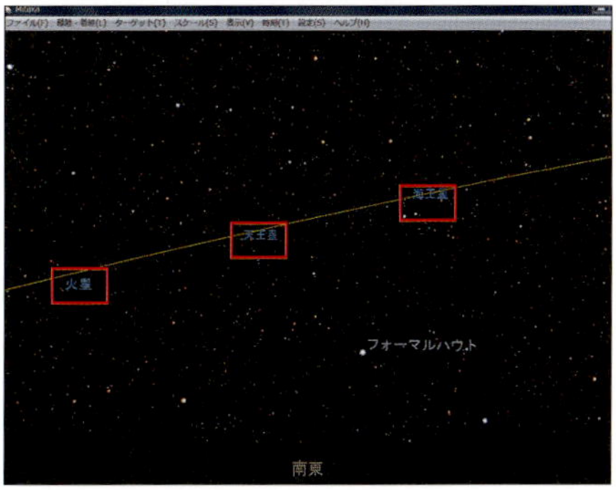

宇宙で水星の最大離角を見よう

59ページで地球上から観察した惑星の動きを宇宙空間で見てみましょう。水星の最大離角の位置関係を確認してから、角度を変えて外惑星の位置を確認します。水星、金星、土星が夕方に、火星が明け方に見えるメカニズムを把握できます。

1 2007年6月2日に時刻を設定する

離陸したら、[スケール] メニューの [1天文単位] をクリックします。地球、内惑星、太陽が表示されます。[時刻] メニューの [時刻の設定] で「2007年6月2日20：00：00」に設定します。

One Point

ここでは、惑星の拡大率を [拡大2] に設定しています。

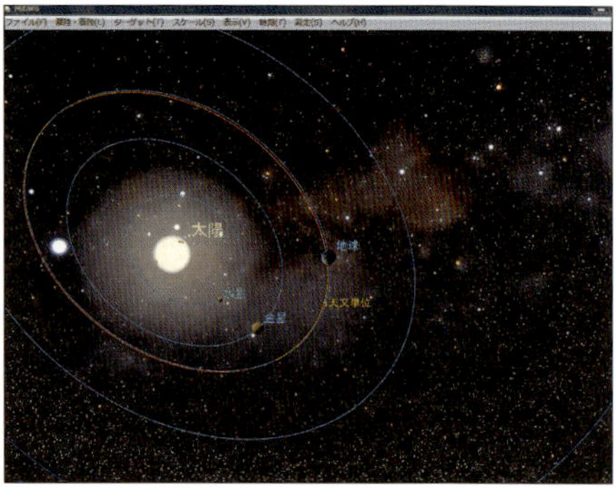

2 最大離角の位置を把握する

上下左右にドラッグし、太陽と地球を結ぶ直線が水平になるようにします。水星が太陽から東にもっとも離れて見える位置にあり、水星と金星が、地球の夜の地域で最初に観察できる惑星であることがわかります。

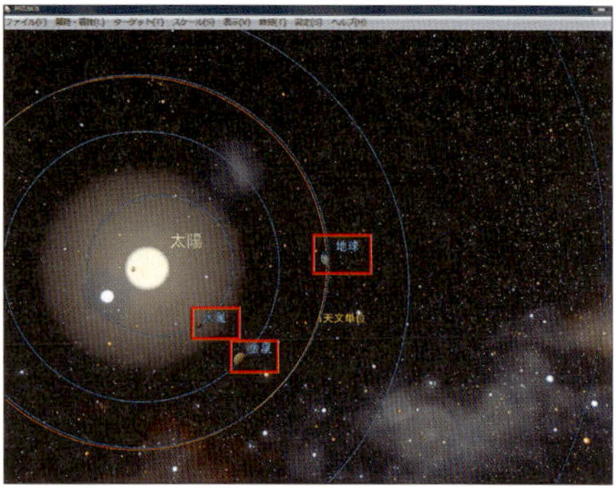

3 明け方の星の位置を把握する

上下左右にドラッグし、惑星の公転軌道が斜めになるようにします。地球の夜の地域のもっとも東側に海王星、天王星、火星が見えることがわかります。

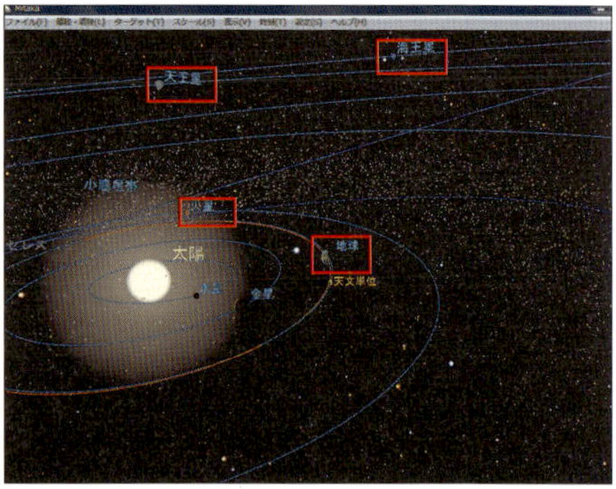

内惑星の内合を見よう

59〜60ページで紹介した最大離角とは逆に、地球と太陽の間に内惑星（水星、金星）が入ることを内合と言います。内合のときには、地球から見て太陽の前を内惑星が横切る「太陽面通過」が起きることがあります。

1 2006年11月9日に時刻を設定する

離陸したら、[スケール] メニューの [1天文単位] をクリックします。地球、内惑星、太陽が表示されます。[時刻] メニューの [時刻の設定] で「2006年11月9日06：00：00」に設定します。

One Point

ここでは、惑星の拡大率を [拡大2] に設定しています。

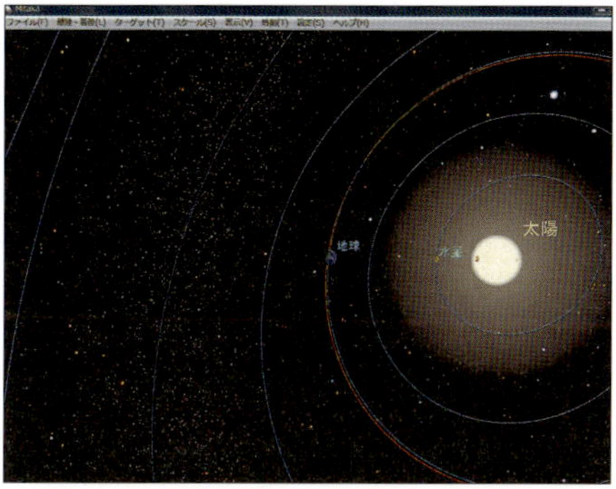

2 水星の内合の位置を把握する

上下左右にドラッグし、太陽と地球を結ぶ直線が水平になるようにします。水星が地球と太陽の間に位置していることがわかります。このとき地球から水星は見えません。

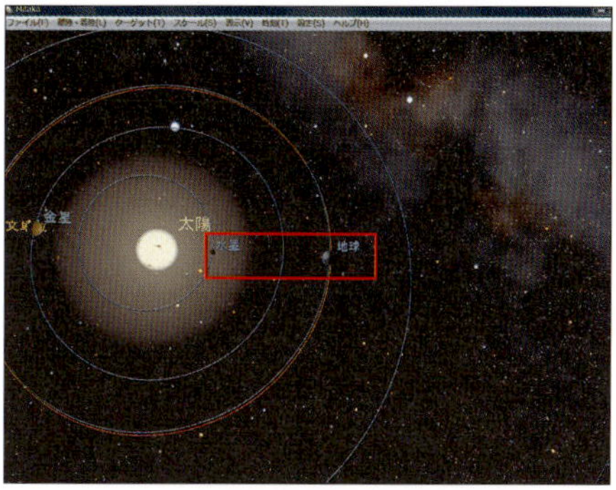

3 金星の内合の位置を把握する

同様に、時刻を「2004年6月8日17：00：00」に設定すると、金星の内合を見ることができます。

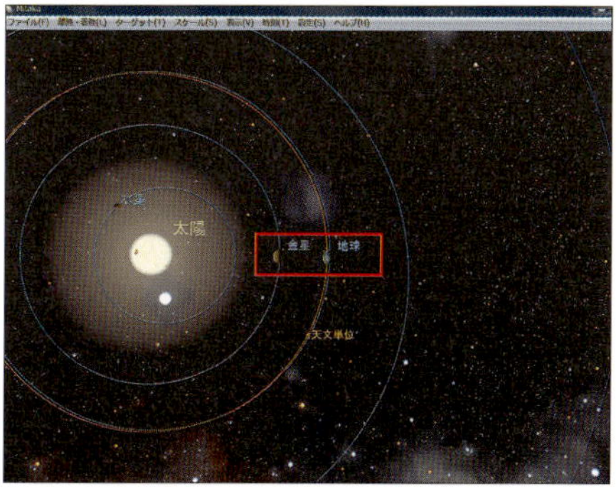

水星に近づいてみよう

水星は太陽のもっとも近くにあるため、望遠鏡や探査機での観測が難しく、まだ謎に包まれている部分が多い惑星です。ここでは、水星の自転・公転と、水星から見える太陽の動きを見てみましょう。

1 水星に移動する

離陸したら、［ターゲット］メニューの［太陽系］から［水星］をクリックします。水星が表示されます。

One Point

ここでは、惑星の拡大率を［拡大2］に設定しています。

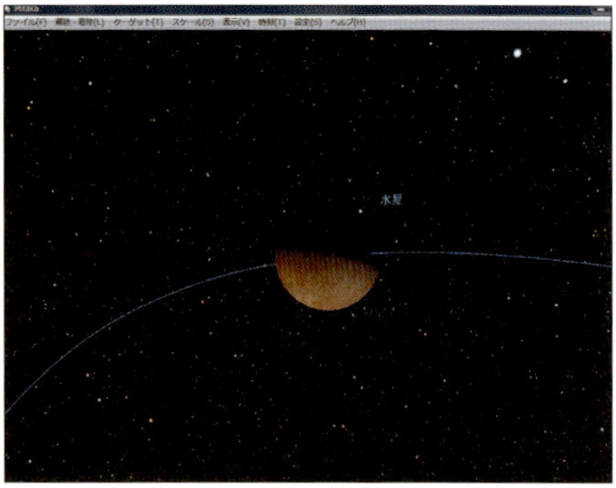

2 水星の自転・公転を見る

［時刻］メニューの［1日］をクリックし、進める時刻の単位を1日に設定します。ウィンドウの右上にマウスポインタを合わせると表示される［+］をクリックします。マウスの左ボタンを押し続けたぶんだけ時刻が進み、水星が自転しながら公転します。

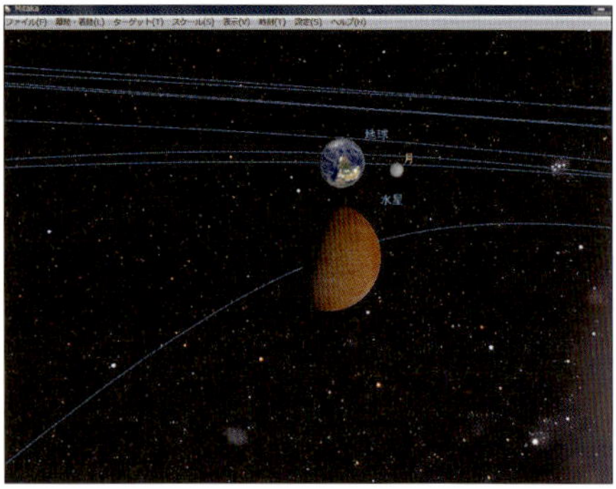

3 水星から太陽を見る

水星に着陸して太陽の動きを見てみましょう。［表示］メニューの［経緯線］から［黄道］をクリックして黄道を表示し、ドラッグして南の空を表示します。進める時刻の単位を1日に設定したまま、ウィンドウの右上の［+］で時刻を進めると、水星から見た太陽の動きを見ることができます。

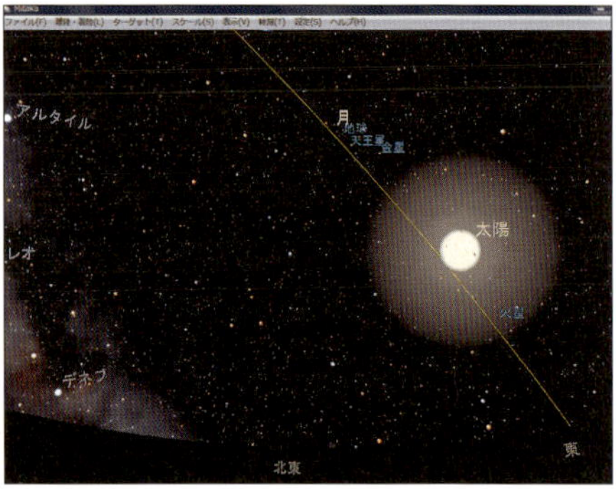

column

月によく似た太陽系最小の惑星・水星

楕円形の公転軌道を持ち 176日間も昼が続く

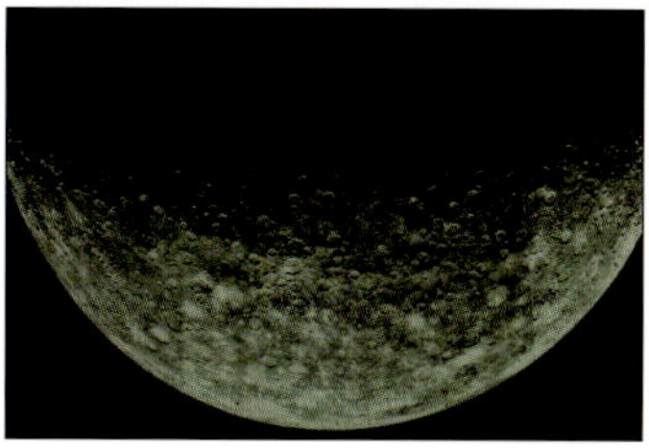

楕円形の公転軌道で1年より1日のほうが長い水星

太陽系の惑星の中で、もっとも太陽の近くを回っているのが水星です。直径は約4878kmで、太陽系の惑星の中では最小です。

水星の公転軌道は楕円形をしており、太陽からの平均距離は約5800万km、太陽にもっとも近づいたときの距離は約4600万km、遠ざかったときの距離は約7000万kmと、距離に差があります。

水星に接近して探査を行ったNASAのマリナー10号の写真には、月とよく似た、数えきれないほどのクレーターが写っていました。特にカロリス盆地と呼ばれる水星最大のクレーターは、直径約1300km（水星の半径の2分の1）もあり、約40億年前に直径100kmの巨大な隕石がぶつかった跡だと考えられています。

月と似た多くのクレーターを持つ

水星には大気がほとんどないので、表面の平均温度は約180度、太陽が照りつける昼間は400度以上になりますが、夜は－180度まで下がります。

水星の公転周期は約88日、自転周期は約59日です。水星は太陽の周りを2回公転する間に、3回自転しているため、水星の1日（太陽が水星の空を一回りする時間）を計算してみると、水星の1日は176日間、つまり水星の2年間になります。これは太陽系の惑星の中で最長です。

金星に近づいてみよう

金星は大きさや重さなどが地球とほぼ同じなので、「地球の双子星」とも言われます。二酸化炭素の大気を持ち、雲が太陽光を反射するため、明るく見えます。ここでは、金星の自転・公転の動きと、金星から見える星空を見てみましょう。

1 金星に移動する

離陸したら［ターゲット］メニューの［太陽系］から［金星］をクリックします。金星が表示されます。

One Point

ここでは、惑星の拡大率を［拡大2］に設定しています。

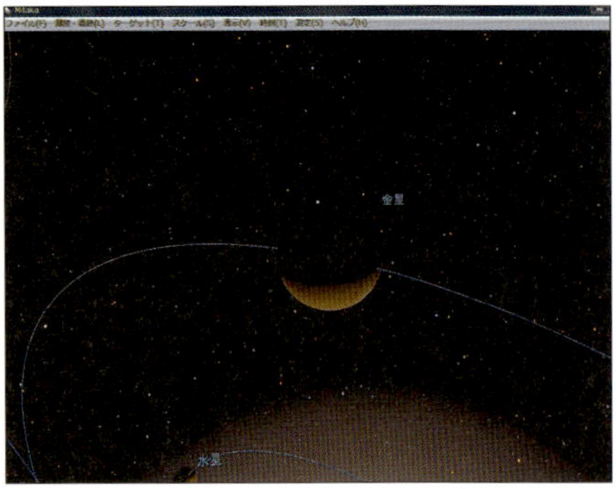

2 金星の自転・公転を見る

［時刻］メニューの［1日］をクリックし、進める時刻の単位を1日に設定します。ウィンドウの右上にマウスポインタを合わせると表示される［+］をクリックします。マウスの左ボタンを押し続けたぶんだけ時刻が進み、金星が自転しながら公転します。

One Point

金星は、太陽系のほかの惑星とは逆向きに自転しています。

3 金星から星空を眺めよう

金星に着陸して星の動きを見てみましょう。［表示］メニューの［経緯線］から［黄道］をクリックして黄道を表示し、進める時刻の単位を1日に設定したまま、ウィンドウの右上の［+］で時刻を進めると、地球とは逆に、惑星と太陽が西から昇って東に沈んでいく様子が確認できます。

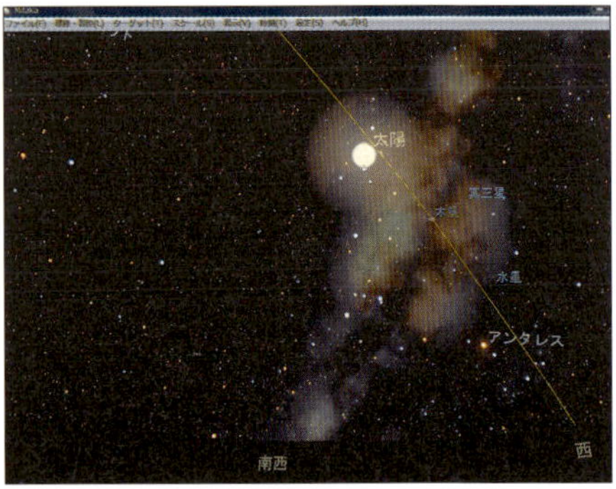

column

環境が大きく異なる地球の姉妹星・金星

水星よりも高温で大気を持ち「明星」として親しまれている

金星は、地球のすぐ内側を回る、地球にもっとも近い惑星です。太陽からの平均距離は1億820万km、直径は1万2104kmで、地球よりほんの少し小さいだけです。

しかし、環境は地球とは大きく異なり、金星の表面温度は470度、気圧は90気圧もあります。太陽系の惑星の中で、もっとも温度が高いのが金星です。

これは、金星の大気の大部分を占める二酸化炭素が温室効果をもたらし、太陽から受ける熱を逃がさないためです。金星の二酸化炭素は火山活動によって発生したもので、上空には、溶岩に含まれていた硫黄が二酸化炭素と水蒸気反応してできた亜硫酸ガスの厚い雲が垂れこめています。

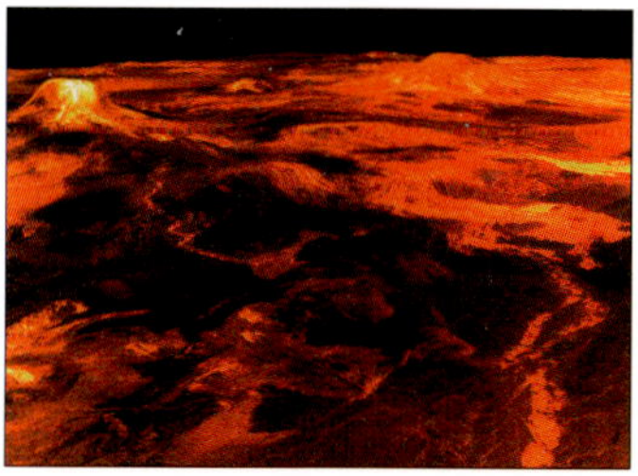

太陽からの熱が逃げない金星の表面温度は約470度にも達する

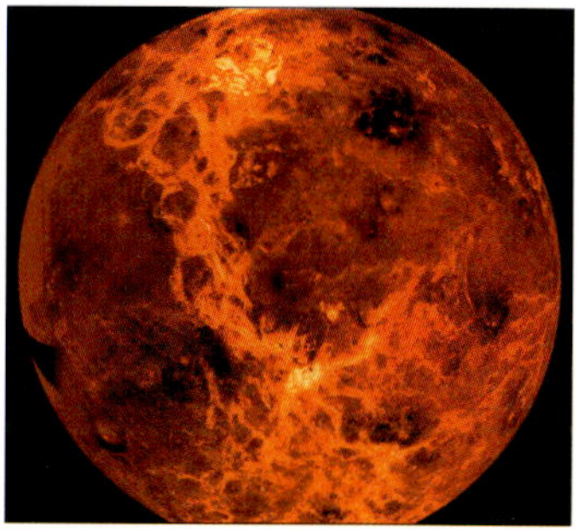

太陽が西から昇って東に沈む金星

金星は内惑星であるため、いつも太陽の近くに見え、夕方や明け方に明るく輝いて見えます。これらは「明けの明星」「宵の明星」と呼ばれています。もっとも明るく見えるときは、−4.7等にもなります。

地球を含めて太陽系の惑星は、北極の上から見て反時計回りに自転していますが、金星だけは時計回りに自転しています。そのため、金星では太陽が西から昇り、東に沈んでいきます。

金星がこのように逆に自転するのは、金星の厚い雲や非常にゆっくりとした自転速度に関係していると考えられていますが、原因はまだよくわかっていません。

複雑な地形構造を持つ惑星

赤い惑星・火星

火星は、地球のすぐ外側の軌道を回る惑星です。
以前は火星人によって運河が作られていると信じられていましたが、
その環境は地球と大きく異なる極寒の惑星です。

夏には火星の半分を覆う砂嵐が発生する

火星は太陽系4番目の惑星で、直径は約6800km、地球の半分ほどの大きさです。太陽から火星までの平均距離は約2億3000万kmで、地球から太陽までの距離の約1.5倍に当たります。そのため、太陽から受けるエネルギーは地球の半分ほどしかなく、赤道付近では平均気温が−50度以下にもなる極寒の惑星です。

地球から見ると火星は赤く光って見えるため、火の惑星であるかのように思えますが、火星が赤く見えるのは、火星の表面の岩や砂に酸化鉄(赤さび)が含まれているためです。

火星の大気はとても薄く、大部分が二酸化炭素で、表面の気圧は地球の100分の1ほどしかありません。

また、火星には、かつて水があったことを示す痕跡が発見されていますが、その水のゆくえは、まだ十分には解明されていません。

酸化鉄が含まれる岩や砂で赤く見える火星

火星の自転軸は約25度傾いているため、地球と同じように四季があります。夏になると、火星の半分を覆うほどの砂嵐が発生します。

また、極地の氷（極冠）は冬に広がり、夏には消えてしまいます。この氷はドライアイス（固体の二酸化炭素）だと考えられています。

火星の北半球には平らな地形が多く、南半球には無数の隕石のクレーターがあります。火星には、高さ2万4000m、すそ野の直径が600kmのオリンポス山という太陽系最大の火山があります。またマリネリス峡谷は、長さ4000km、深さ2000〜7000mに及ぶ巨大な峡谷です。

火星の地形を拡大して見てみよう

Mitakaでは、火星に近づくと、火星表面の地形や地名を見ることができます。火星は、［表示］メニューの［惑星］から［地形の倍率］をクリックして、地形を拡大して見ることもできます。

1 火星に移動する

離陸したら、［ターゲット］メニューの［太陽系］から［火星］をクリックします。火星が表示されます。

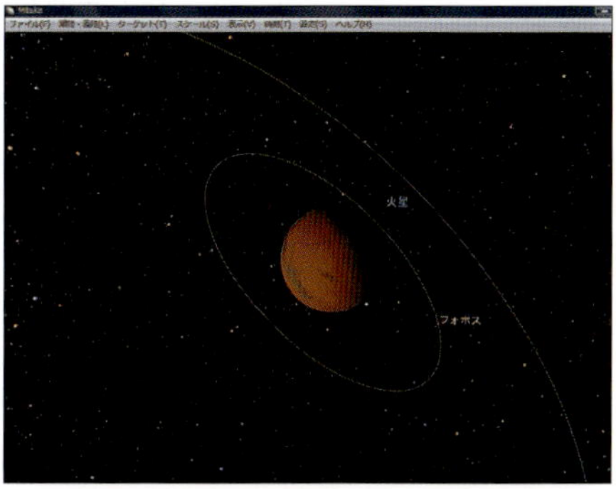

2 火星の地形を表示させる

火星にズームインし、［表示］メニューの［惑星］の［地形の倍率］から［20倍］をクリックします。火星の地形データが20倍で表示されます。

One Point

本書の付属CD-ROMに収録されているMitakaには、あらかじめ地球と火星の地形データが追加されています。同じ操作で地球の地形の表示倍率も変えられます。

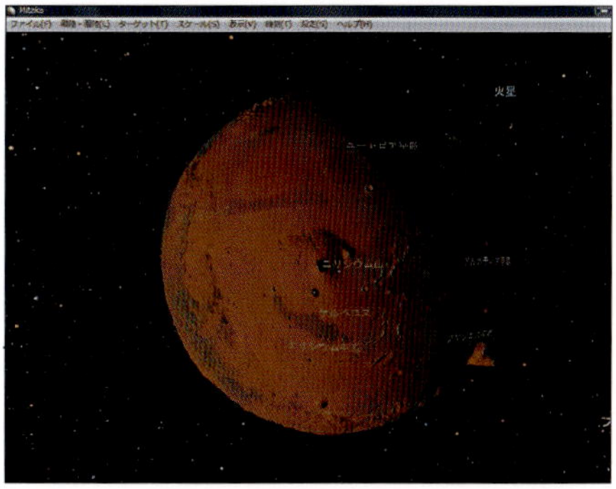

3 オリンポス山を見る

上下左右にドラッグしたり時間を進めたりして、オリンポス山を表示させてみましょう。そのほかのいろいろな地形も見てみましょう。

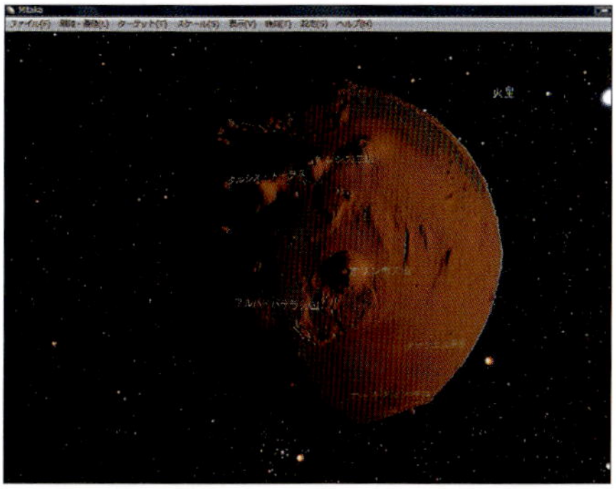

火星の衛星の動きを見よう

地球のすぐ外側を回る火星は、自転周期が1.026日、公転周期が約1.88年です。衛星にはフォボスとダイモスの2つがあり、どちらも反時計回りに公転しています。ここでは火星の自転と2つの衛星の公転を見てみましょう。

1 火星に移動する

離陸したら、［ターゲット］メニューの［太陽系］から［火星］をクリックします。火星が表示されます。

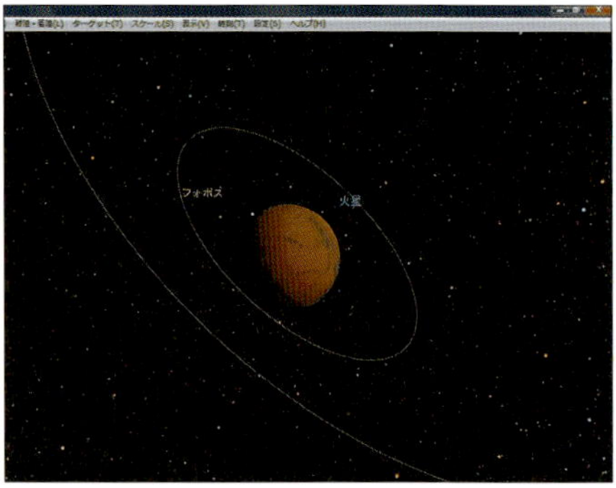

2 衛星の動きを観察する

少しズームアウトし、フォボスとダイモスの両方を表示させせます。ウィンドウの右上にマウスポインタを合わせると表示される［+］をクリックします。マウスの左ボタンを押し続けたぶんだけ時刻が進み、火星が自転し、火星の衛星が公転します。

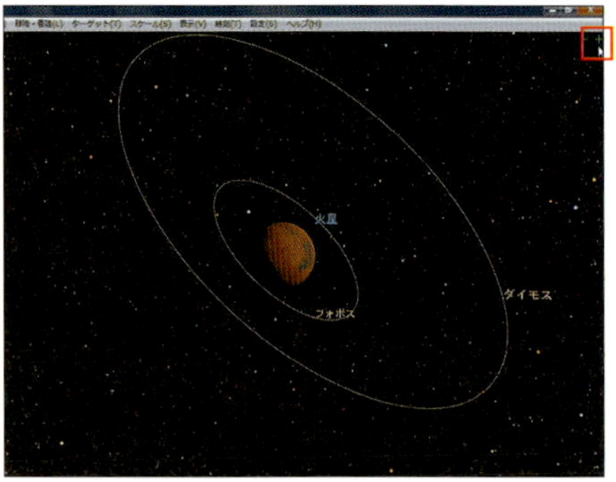

3 火星に着陸してみよう

上下左右にドラッグし、着陸したい地名を表示します。ここでは「エリシウム山」を表示し、ダブルクリックします。火星にズームインし、［離陸・着陸］メニューの［離陸・着陸］をクリックし、エリシウム山に着陸します。エリシウム山から星空を眺めることもできます。

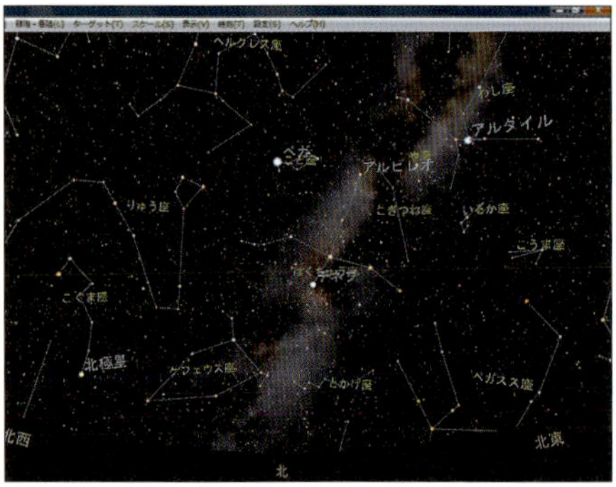

One Point

［表示］メニューの［星座］から星座を表示させることができます。

火星の最接近を再現してみよう

火星は、2003年８月27日と2005年の10月30日に地球に最接近しました。このときの火星と地球の動きを観察してみましょう。ここでは、惑星の拡大率を［拡大１］に設定しています。

1 2003年8月27日に時刻を設定する

離陸したら、［スケール］メニューの［1天文単位］をクリックします。火星、地球、太陽が表示されます。［時刻］メニューの［時刻の設定］をクリックします。［時刻の設定］が表示されたら、「2003年8月27日17：00：00」に設定します。

2 地球と火星の位置を把握する

地球にズームインし、上下左右にドラッグして地球と火星の位置関係を把握しましょう。火星が地球に接近していることがわかります。

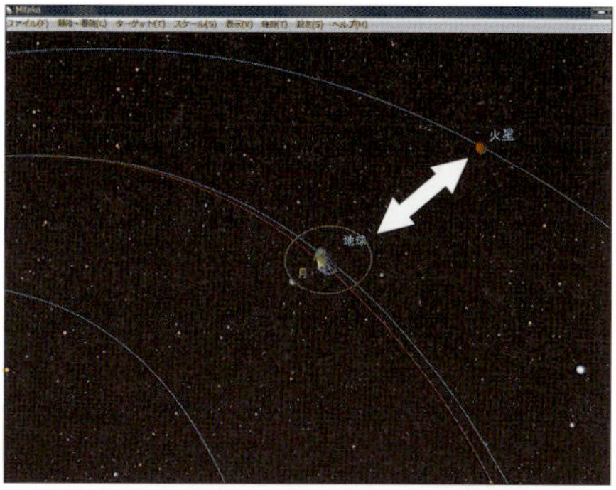

3 2005年10月30日の火星の接近を見る

同様に、時刻を「2005年10月30日17：00：00」に設定して、火星の接近を見ることもできます。

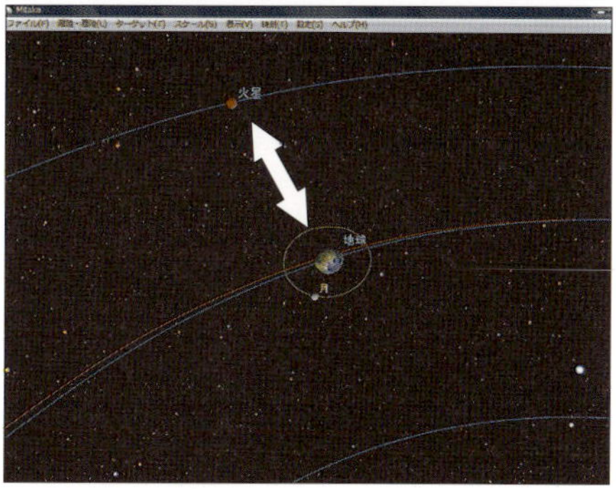

One Point

時刻を進めたり戻したりして、地球と火星の動きを観察してみましょう。

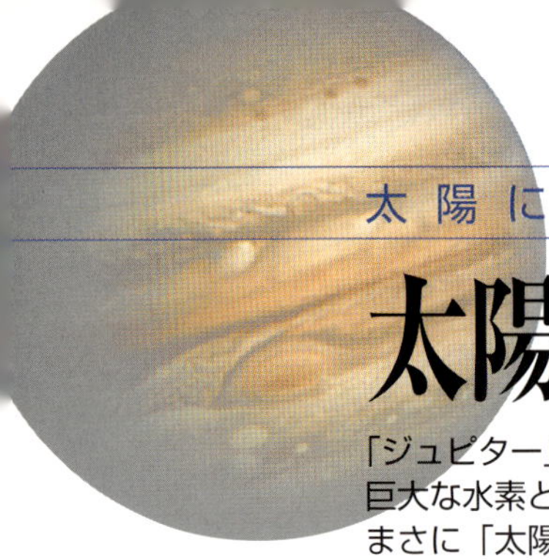

太陽になりそこねた巨大ガス惑星

太陽系最大の惑星・木星

「ジュピター」と呼ばれる木星は、太陽系最大の惑星です。
巨大な水素とヘリウムのかたまりである木星は、
まさに「太陽になりそこねた惑星」なのです。

地球の10倍以上の直径の巨大なガス惑星

太陽系の中でもっとも大きな惑星が木星です。木星は、大部分が水素とヘリウムでできている巨大なガス惑星です。

直径（赤道方向）は約14万km（地球の11倍）、太陽からの平均距離は約７億8000万kmです。2007年現在、木星は、ガリレオ衛星（イオ、エウロパ、ガニメデ、カリスト）を含め、太陽系の惑星最多の63個の衛星を持つことが確認されています。

木星の特徴は表面の縞模様です。この模様は木星の大気でできた雲の流れによって生じています。木星は自転スピードが非常に速く、赤道周辺は、ほぼ10時間で自転しています。そのため、木星の赤道付近は秒速100mにも達する強い風が吹いていて、その流れが何本もの帯のように見えるわけです。帯の色が違うのは、大気に含まれている物質や温度にわずかな違いがあるためと考えられています。

300年以上も続く特大の嵐「大赤斑」が特徴的な木星

また、木星の表面には、さまざまな大きさの渦が見えます。この渦は、地球の台風のように、嵐が起こっているところだと考えられています。

特に赤道の少し下に見える赤い渦巻は、大赤斑（だいせきはん）と呼ばれ、17世紀にフランスの天文学者カッシーニが発見してから300年以上消えたことがありません。大赤斑は長さが約２万4000km、幅が約１万3000kmもある特大の嵐で、周囲の雲よりも一段高い雲の渦の中で秒速120mの風が吹き、上昇気流になっていると考えられています。

木星を自転させてみよう

木星は水素とヘリウムからできている巨大なガス惑星で、10時間以下の周期で自転しています。自転させると、縞模様の雲の流れが確認できます。ここでは、木星の自転の様子を観察してみましょう。

1 木星に移動する

離陸したら、[ターゲット] メニューの [太陽系] から [木星] をクリックします。木星が表示されます。

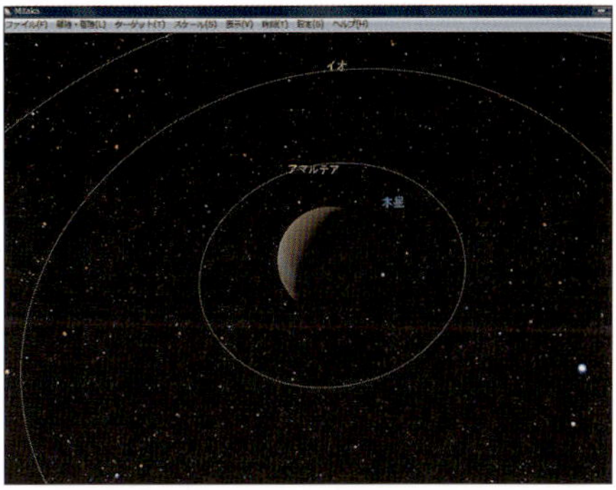

2 木星を自転させる

木星にズームインし、上下左右にドラッグして太陽光が当たっている地域を表示します。ウィンドウの右上にマウスポインタを合わせると表示される [+] をクリックします。マウスの左ボタンを押し続けたぶんだけ時刻が進み、木星が自転します。

3 衛星の影を見る

木星を自転させたときにときどき見える黒い点は、木星と太陽の間に衛星が入ることによって生じた衛星の影です。[表示] メニューの [惑星] の [月の影] から [本影・半影の境界] をクリックすると、影を目立たせることができます。

One Point

木星に影を表示させることができる衛星は、ガリレオ衛星だけです。

イオから木星を見てみよう

木星は惑星の中でもっとも多く衛星を持ち、その数は63個まで確認されています。Mitakaでは、木星に近い軌道を回る衛星の「イオ」に移動することができます。地球以外で火山活動が発見された天体でもある「イオ」をじっくり見てみましょう。

1 イオに移動する

離陸したら、［ターゲット］メニューの［太陽系］から［イオ］をクリックします。木星の衛星のイオが表示されます。

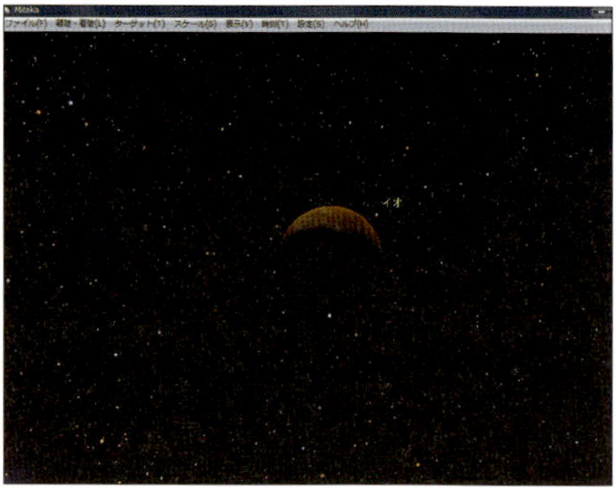

2 イオと木星をいっしょに見る

上下左右にドラッグして木星を見つけ、ズームイン・ズームアウトしてイオと木星をいっしょに見てみましょう。

3 イオを公転させる

ウィンドウの右上にマウスポインタを合わせると表示される［+］をクリックします。マウスの左ボタンをクリックしたぶんだけ時刻が進み、イオが公転します。木星とイオが動く様子を観察してみましょう。

木星食を見てみよう

木星食とは、木星と地球の間に月が入ることによって木星が月に隠される現象で、日本では2001年８月16日に見られました。ここでは、地球上から見た木星食と、木星食の天体の位置関係を再現してみましょう。

1 2001年8月16日に時刻を設定する

東京・三鷹市に着陸したら、［時刻］メニューの［時刻の設定］で「2001年8月16日02：30：00」に設定します。上下左右にドラッグして東の空を表示します。木星と月が重なって見えます。

One Point

ここでは、惑星の拡大率を［拡大2］に設定しています。

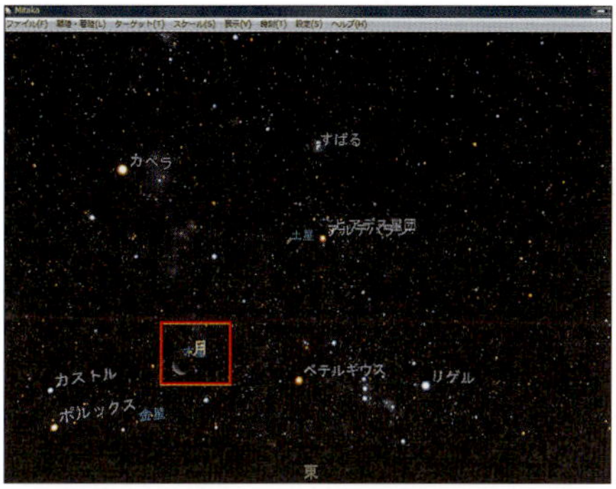

2 木星食の動きを確認する

ウィンドウの右上にマウスポインタを合わせると表示される［＋］をクリックして時刻を進めます。木星と月の動きが確認できます。

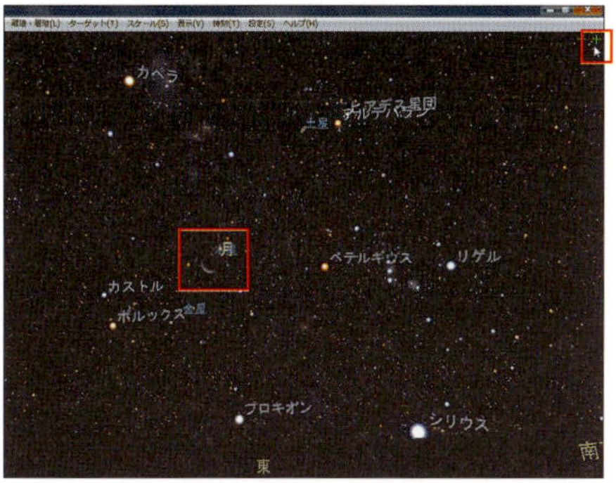

3 木星食の位置を把握する

離陸したら、ズームアウトし、上下左右にドラッグして、地球と木星、月、太陽の位置関係を把握しましょう。木星と地球の間に月が入っていることがわかります。

One Point

ここでは、惑星の拡大率を［拡大1］に設定しています。

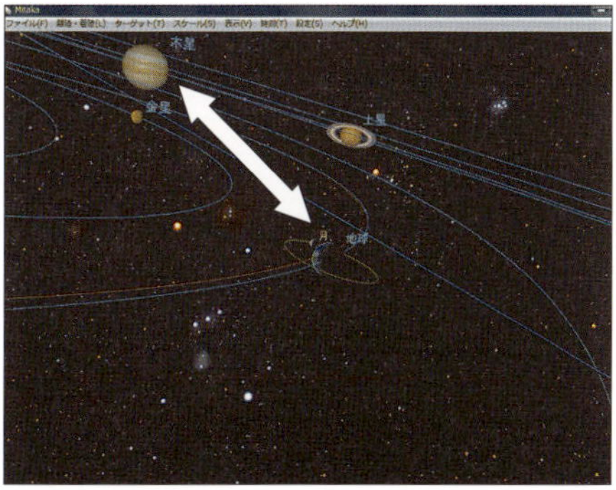

多くの衛星と環を持つ気体の惑星

環の美しい惑星・土星

さまざまな衛星と美しいリングを持つ土星は
「太陽系の宝石」と呼ばれるほど人気の高い惑星です。
土星にはオーロラや嵐が起こっていることも観測されています。

自転速度が非常に速く上下につぶれて見える

土星は、木星と同じように大部分が水素とヘリウムでできた巨大なガスのかたまりです。

太陽からの平均距離は約14億3000万kmあり、直径（赤道方向）は約12万kmで、太陽系で２番目に大きい惑星です。土星の中心には岩石の核があり、その上を液体金属水素と液体水素の層が覆っていると考えられています。

土星は太陽系の中でもっとも密度が小さい惑星です。比重は0.7しかなく、土星を水の中に入れることができたら、浮いてしまうほどです。

土星の公転周期は29.5年、自転周期は10.4時間です。自転速度が非常に速いため、土星は上下につぶれ、赤道の部分がふくらんでいます。

土星の最大の特徴は美しい環です。土星の環は、1000以上の細い環が集まってできていて、細かい氷の粒や岩石が主な成分となっています。これらは、土星に近づきすぎて壊れた衛星のかけらではないかと考えられています。

ハッブル宇宙望遠鏡によって観測された土星

土星の環は、直径は25万km以上ありますが、厚さは数百mしかありません。

ハッブル宇宙望遠鏡や土星探査機「カッシーニ」の観測によって、土星にはオーロラや嵐が起こっていることも確認されています。カッシーニは、土星の衛星「タイタン」への突入機「ホイヘンス」を備えており、ホイヘンスは2005年１月にタイタンへの着陸に成功しました。ホイヘンスからはタイタンの地表の様子などが観測されています。

土星の環を見てみよう

土星の環は、直径が25万km以上もありますが、厚さは数百mしかありません。そのため真横から見たときは、環がほとんど見えない状態になります。ここでは、土星の魅力のひとつである環を、いろいろな角度から見てみましょう。

1 土星に移動する

離陸したら、［ターゲット］メニューの［太陽系］から［土星］をクリックします。土星が表示されます。

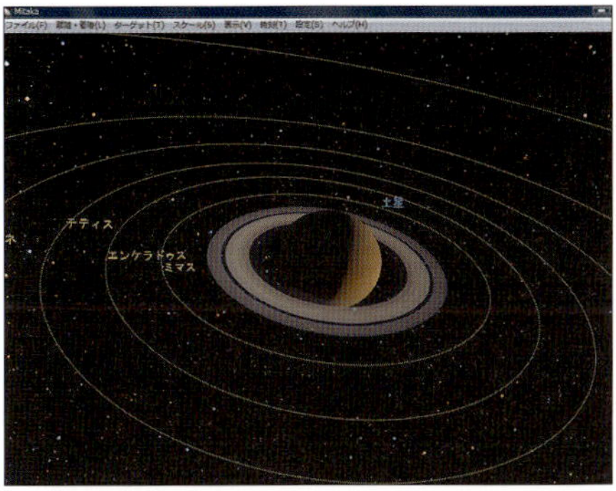

2 土星の環を見る

土星にズームインし、上下左右にドラッグして、さまざまな角度から土星の環を見てみましょう。ここでは土星に近づいて下側から環を見てみました。環は無数の細い層が連なって構成されていることがわかります。

3 土星の環を真横から見る

上下左右にドラッグして土星の環を真横から見てみましょう。土星の環が線状になります。

土星の衛星を表示しよう

土星にも木星に匹敵するほどたくさんの衛星があります。中でも最大の衛星「タイタン」は水星より大きな天体です。［表示］メニューの［衛星］から［主な衛星のみ］をクリックしてチェックをはずすと、さらに多くの衛星を表示できます。

1 土星に移動する

離陸したら、［ターゲット］メニューの［太陽系］から［土星］をクリックします。「ミマス」「エンケラドゥス」「テティス」「ディオネ」など、主要な衛星が表示されます。

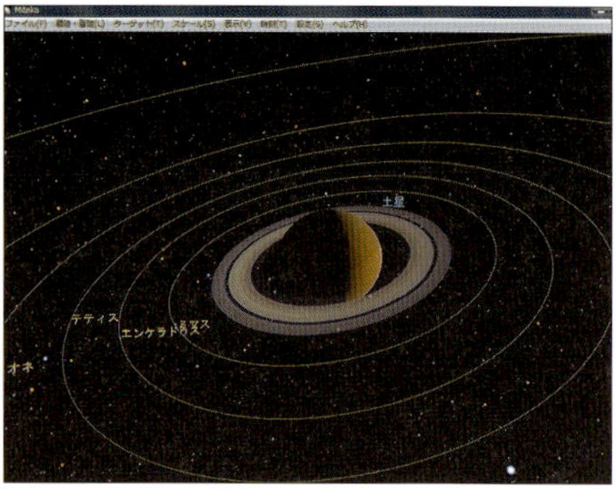

2 タイタンを表示する

土星からズームアウトしていくと、さらに「レア」「タイタン」が表示されます。上下左右にドラッグして「タイタン」にズームインすると、オレンジ色の天体が見えてきます。

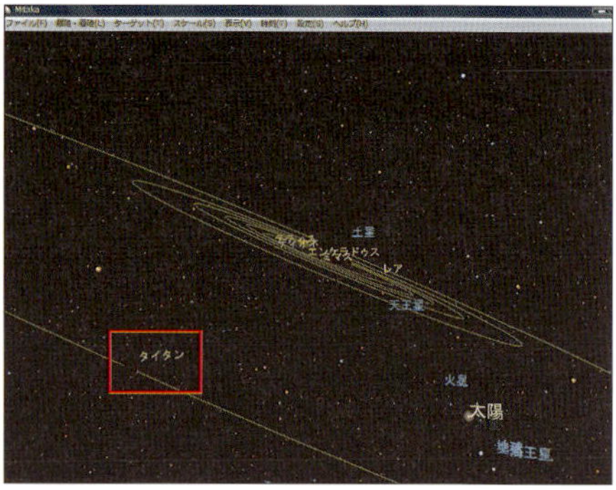

3 そのほかの衛星を表示する

それ以外の衛星を表示したい場合は、［表示］メニューの［衛星］から［主な衛星のみ］をクリックしてチェックをはずします。6つの主要な衛星以外の衛星が表示されます。

One Point

同じ操作をしてチェックを付けると、主な衛星のみが表示されます。

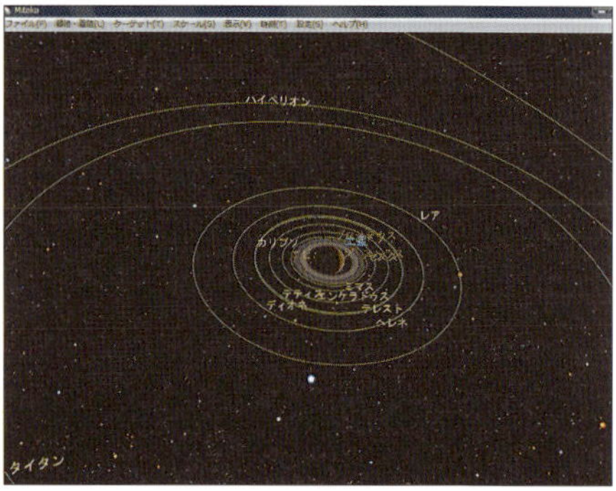

探査機「カッシーニ」の軌道を確認しよう

1997年10月15日に打ち上げられた土星探査機「カッシーニ」は、2004年７月１日に土星の周りを回る軌道に入りました。Mitakaでは、その前後のカッシーニの軌道を確認することができます。

1 2004年7月1日に時刻を設定する

離陸して土星に移動したら、［時刻］メニューの［時刻の設定］をクリックします。［時刻の設定］が表示されたら、「2004年7月1日08：00：00」に設定します。

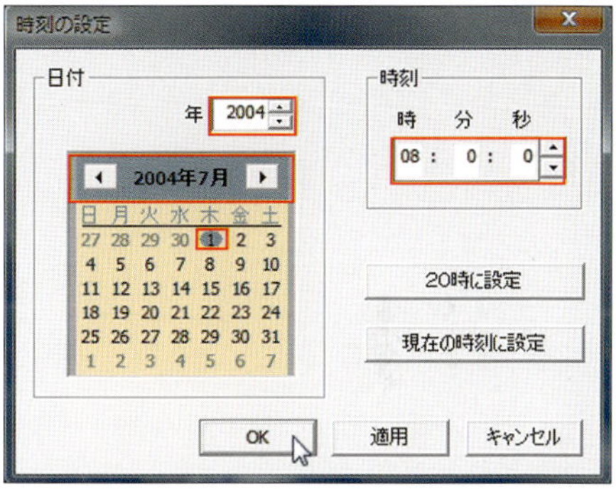

2 カッシーニの軌道を表示する

土星からややズームアウトし、［表示］メニューの［探査機の軌道］から［カッシーニ］をクリックします。カッシーニの軌道が黄色い線で表示されます。

One Point

同じ操作をしてチェックをはずすと、カッシーニの軌道が非表示になります。

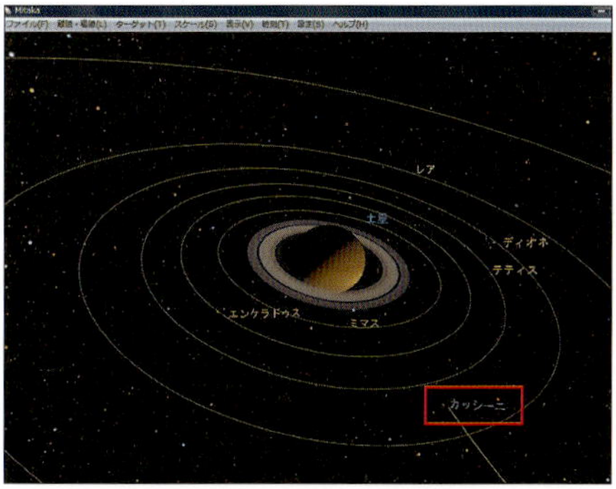

3 カッシーニの動きを見る

ウィンドウの右上にマウスポインタを合わせると表示される［＋］をクリックします。マウスの左ボタンを押し続けたぶんだけ時刻が進み、カッシーニが移動します。カッシーニが土星に接近していく様子が確認できます。

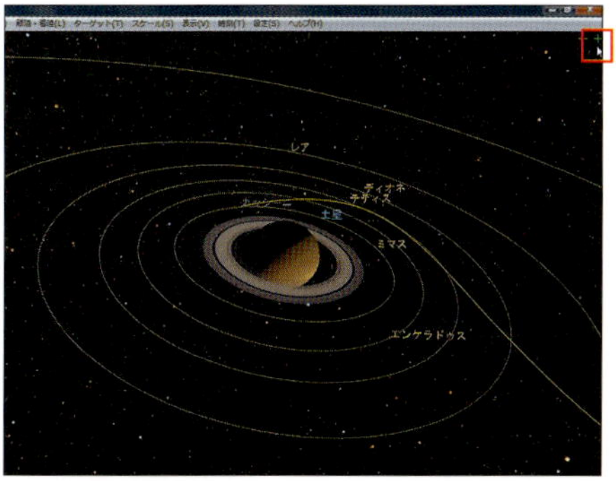

column

土星の環の謎

土星の環は7つの部分に分けられている

土星の環は、いくつかの部分に大きく分けられていて、A～Gの7つのアルファベットが割り当てられています。しかし、発見の順番の違いなどから、必ずしも環はアルファベット順に並んでいるわけではありません。地球から望遠鏡などで見ることができるのは、土星に近い順から、うすく見えるCリング、明るく見えるBリング、Aリングだけです。

A、B、Cリングを構成しているのは、おもに水の氷の粒子です。リングの中では粒子同士が衝突を繰り返しながら、土星の周りを回っています。

AリングとBリングの間には隙間があり、発見した天文学者の名前をとって「カッシーニの間隙（かんげき）」と呼ばれています。Aリングの中にある、さらに狭い隙間は「エンケの間隙」と呼ばれています。Bリングには「スポーク」と呼ばれる、放射状の黒い模様が見られることがあります。この模様については、まだ解明されていません。Aリングの外側にあるFリングは、細い3本の環がからみあっています。

2004年と2006年には、土星探査機「カッシーニ」によって、新しい環がさらに2本ずつ発見されています。

電波でとらえた土星の環

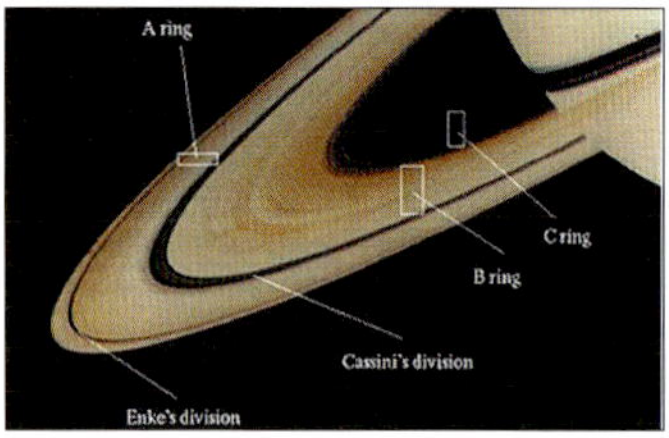

土星の環のA、B、Cリング

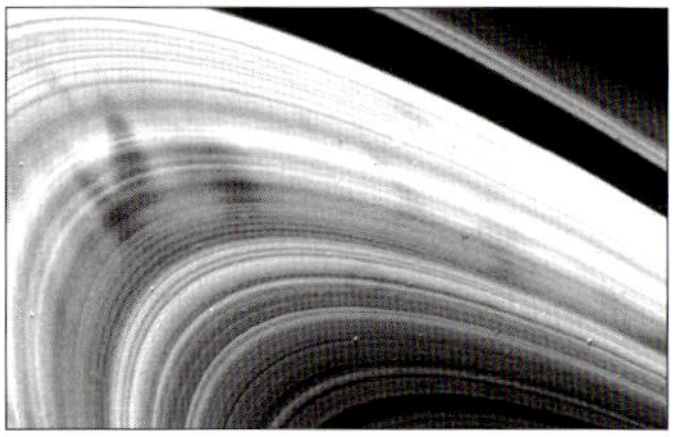

Bリングの放射状の黒い模様「スポーク」

column

土星の衛星の基礎知識

地球外生命が存在するかもしれない土星の衛星

2007年5月現在、土星にはわかっているだけで62個の衛星があることが確認されています。

土星の衛星にはさまざまな大きさがあり、最大の衛星「タイタン」は月の1.5倍ほどの大きさがあります。タイタンは太陽系の衛星ではめずらしくメタンの大気を持っており、タイタンには原始的な生命がいるかもしれないと期待されています。そのほかにも「テチス」「ディオーネ」「レア」なども半径500kmを超える大きさがあります。

「ミマス」「エンケ」など、いくつかの衛星は、環の内側にあって、環に隙間を作っています。「カッシーニの間隙」は、ミマスのおかげでできています。

「アトラス」「プロメテウス」「パンドラ」などは土星の環を保つのに大切な役割を果たしていると考えられています。これらの衛星は、重力によって惑星の環の拡散をおさえる役割を果たしており、「羊飼い衛星」とも呼ばれます。

土星探査機「カッシーニ」が最近撮影した画像には、衛星「エンケラドス」の南極で、氷の粒子や水蒸気が地表から430km以上の高さまで間欠泉のように噴出する様子が映っていました。これはエンケラドスの表面を覆っている氷の断面が、土星の重力の影響で摩擦を起こし、氷の粒子や水蒸気が噴出していると考えられています。これは、液体の水が地球以外にも存在する可能性を示すものであり、エンケラドスは地球外生命が存在する有力候補だと考える科学者もいます。

氷を吹き上げるエンケラドス

太陽系の外側を回る巨大氷惑星

最果ての惑星・天王星・海王星

天王星と海王星は、太陽系の外側を回っている惑星です。
よく似た青い外観を持つ天王星と海王星は、巨大な氷のかたまりで、
その特徴は、わたしたちの想像を絶するものでした。

自転軸が大きく傾いたまま公転する天王星

太陽系7番目の惑星である天王星は、直径（赤道方向）約5万1000km（地球の約4.1倍）で、太陽系の惑星では、木星、土星に次いで3番目の大きさです。

内部は、水、メタン、アンモニアの氷からなり、中心には岩石の核があると考えられています。天王星が青く見えるのは、赤い光を吸収するメタンの雲で覆われているためです。

天王星の最大の特徴は、自転軸が98度も傾いていて、太陽の周りを寝転んで回っているように見えることです。自転軸が傾いた原因は十分に解明されていませんが、天王星ができたころ、惑星ほどの大きさの天体が衝突したためと言われています。

時速2000kmの強風が吹く極寒の海王星

ハッブル宇宙望遠鏡によって観測された天王星

海王星は太陽系8番目の惑星で、太陽系の惑星の中では4番目に大きい惑星です。直径（赤道方向）は約5万km、太陽からの平均距離は約45億440万kmあります。

海王星の表面は、時速2000kmにも及ぶ強い風が吹いており、嵐や渦が起こっています。1989年、NASAの惑星探査機「ボイジャー2号」によって、海王星に巨大な渦「大暗斑」があることが発見されました。ところがその後、ハッブル宇宙望遠鏡が海王星を観測したところ、大暗斑が消え、北半球に新しい暗斑が発見されました。これは、海王星の大気が短い期間に大きく変化することを表しています。

天王星を公転させよう

天王星は横倒しになった状態で公転しているため、公転周期の84年のうち、北極付近では42年間、太陽光を浴びる夏が続き、もう一方の極付近では暗闇の冬が続きます。ここでは、その様子を確認してみましょう。

1 天王星に移動する

離陸したら、[ターゲット] メニューの [太陽系] から [天王星] をクリックします。天王星が表示されます。

One Point

ここでは、惑星の拡大率を [拡大2] に設定しています。

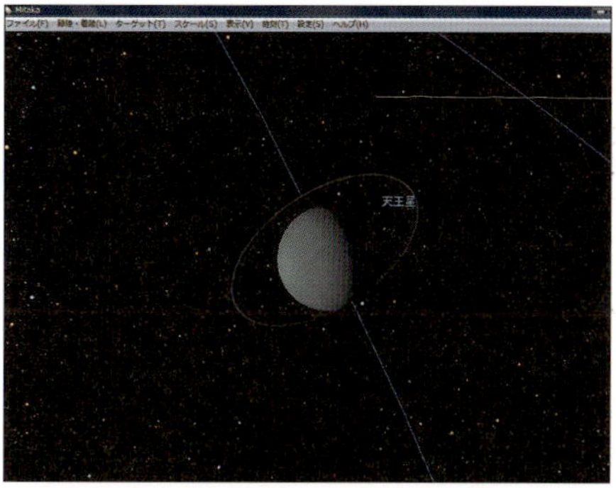

2 自転軸を表示する

天王星が表示されたら、[表示] メニューの [惑星] から [自転軸] をクリックし、自転軸を表示します。ズームアウトして上下左右にドラッグし、太陽と天王星を表示させると、天王星の自転軸が横倒しになっていることが確認できます。

One Point

同じ操作をしてチェックをはずすと、自転軸を非表示にすることができます。

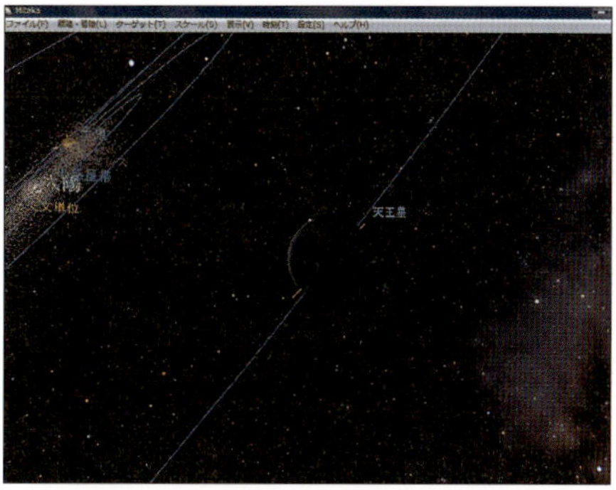

3 天王星を公転させる

[時刻] メニューの [1年] をクリックし、進める時刻の単位を1年に設定します。ウィンドウの右上にマウスポインタを合わせると表示される [+] をクリックします。マウスの左ボタンを押し続けたぶんだけ時刻が進み、天王星が公転します。北極や南極で夏や冬が長く続くことが確認できます。

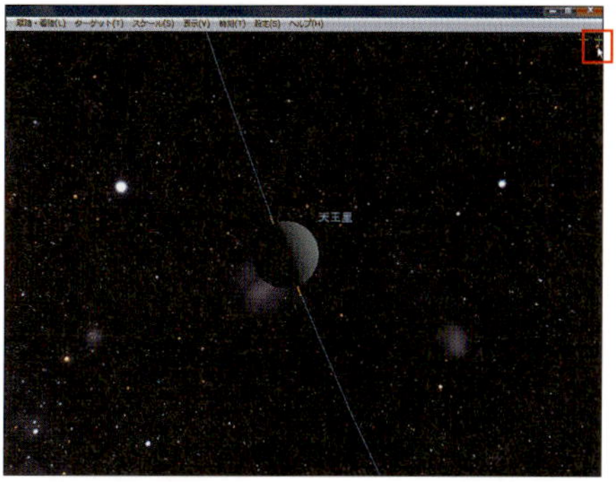

天王星のリングを見よう

天王星は土星と同じように、周囲に環を持っています。これは1977年に天王星が恒星の前を通過する前後に、その恒星が天王星の環によって隠されて暗くなったことから発見されました。ここでは、天王星に接近して天王星の環を観察してみましょう。

1 天王星に移動する

離陸したら、[ターゲット] メニューの [太陽系] から [天王星] をクリックします。天王星が表示されます。

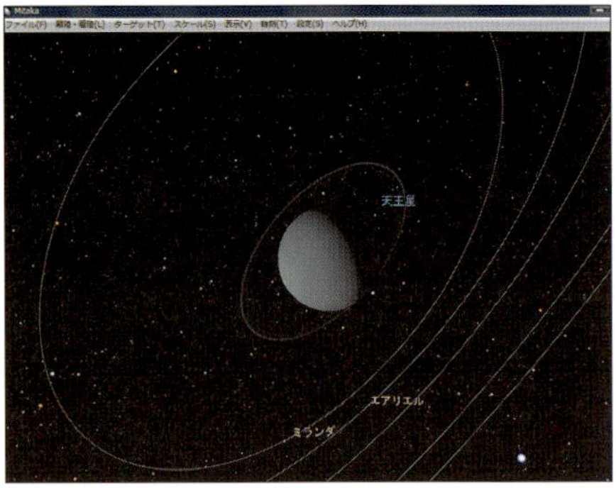

2 天王星の環を見る

天王星にズームインし、上下左右にドラッグして、さまざまな角度から天王星の環を見てみましょう。土星と比べ、細く薄い層状の環があることが確認できます。

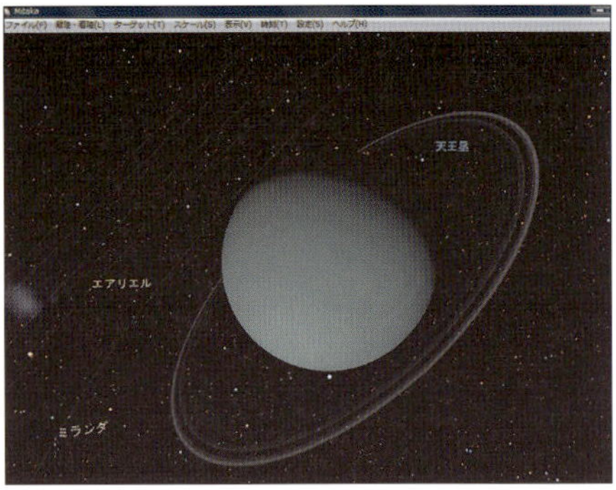

column

ボイジャー2号接近を見よう

惑星探査機「ボイジャー2号」は、1986年1月24日に天王星に接近しました。[ボイジャー2号] をターゲットにし、「1986年1月24日00：00：00」に設定して時刻を進めると、天王星に接近するボイジャー2号を見ることができます。

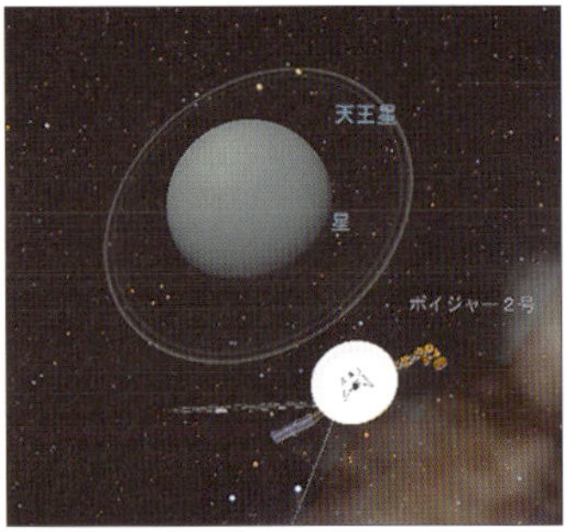

ボイジャー2号の海王星接近を見てみよう

海王星は、太陽からの距離が地球の約30倍も離れており、地球からの観測が難しい天体です。1977年に打ち上げられた惑星探査機「ボイジャー2号」は、1989年8月に海王星に最接近しました。

1 ボイジャー2号を表示する

離陸したら、[ターゲット] メニューの [探査機] から [ボイジャー2号] をクリックします。ボイジャー2号が表示されます。

2 1989年8月25日に時刻を設定する

[時刻] メニューの [時刻の設定] をクリックします。[時刻の設定] が表示されたら、「1989年8月25日00：00：00」に設定します。上下左右にドラッグして、海王星を表示しましょう。

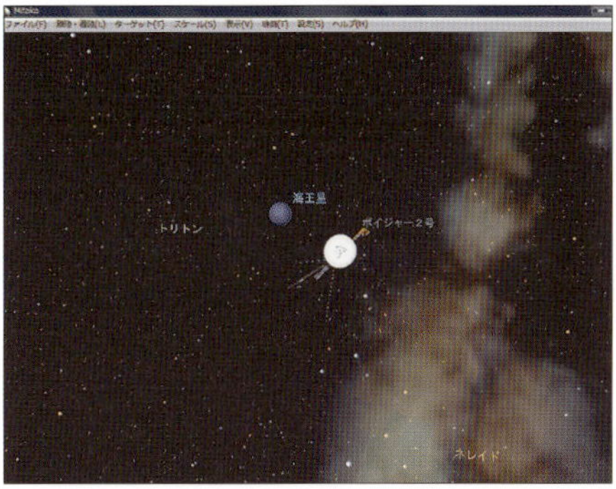

3 接近の様子を見る

[時刻] メニューの [1時間] をクリックし、進める時刻の単位を1時間に設定します。ウィンドウの右上にマウスポインタを合わせると表示される [+] をクリックします。マウスの左ボタンを押し続けたぶんだけ時刻が進み、ボイジャー2号が海王星に接近していきます。

column

太陽系外縁天体の冥王星とセドナ

2006年8月から準惑星になった冥王星

冥王星は、これまで太陽系第9惑星として扱われてきましたが、ほかの惑星に比べて極端に小さく(直径約2272km)、軌道が大きく傾いているため、惑星の中でも特異な存在でした。

近年の観測技術の進歩により、冥王星の軌道周辺に多くの小天体が発見されたことから、冥王星は2006年8月の国際天文学連合総会の採択で「準惑星(dwarf planet)」に分類されました。このとき準惑星に分類されたのは、冥王星、エリス、セレス(ケレス)の3つの天体です。セレスは、火星と木星の間の小惑星が集中している領域である「小惑星帯」で最大の天体で、直径約950kmの大きさがあります。

太陽の周りを回る海王星以遠の天体を「トランス・ネプチュニアン天体(TNO、エッジワース・カイパーベルト天体)」と呼びます。日本では、TNO、エッジワース・カイパーベルト天体、カイパーベルト天体と呼ばれる天体および天体群を表す日本語名称として、「太陽系外縁天体」という名称が推奨されています。

2003年に発見されたセドナはTNOのひとつで、大きさは直径約1800kmしかありませんが、冥王星よりも大きいエリス(直径約2400km)が発見されるまでは、冥王星以後に発見された天体の中で太陽系最大のものでした。大きさの順では、エリス(直径約2400km)、冥王星(直径約2272km)、セドナ(直径約1800km)、セレス(直径約950km)となります。

セドナは、現在の太陽系の天体の中ではもっとも遠くにあり、約1万500年の周期で太陽の周りを回っています。

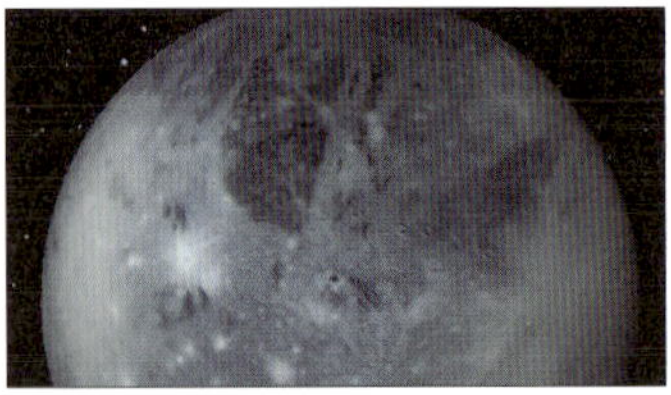

準惑星として分類された冥王星

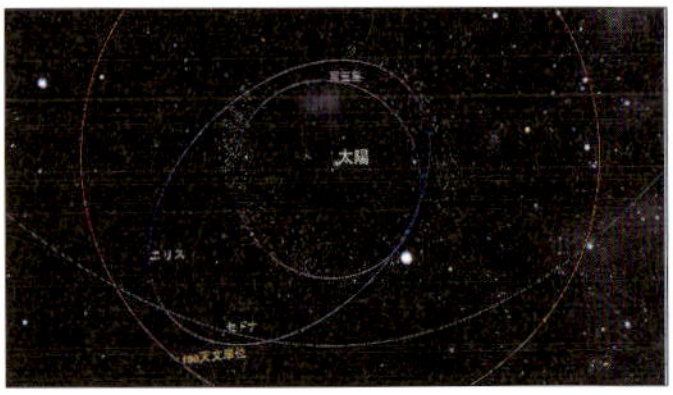

傾いた軌道で太陽の周りを回る準惑星

column

天文学の単位

宇宙の大きさを測る単位にはさまざまなものがある

天文学で扱う距離は、わたしたちが日常で使っているものとは、比較にならないほど大きいため、「m」や「km」では表しきれません。そこで、それ以外の単位が定義され、利用されています。

■天文単位（AU）

1天文単位は、太陽と地球の平均距離である約1億5000万kmを表します。「天文単位」は、おもに太陽系の惑星間の距離を測る単位として使われます。

■光年（ly）

1光年は、光が1年間に進む距離を表します。光は1秒間に約30万km進むので、1光年は、30万（km）×60（秒）×60（分）×24（時間）×365（日）＝約9兆5000億kmになります。「光年」は、おもに恒星までの距離を測る単位として使われます。1光年は約6万3241天文単位に相当します。

■パーセク（pc）

1パーセクは、1天文単位の長さを遠くから見て1秒（1度の3600分の1）の角度に見える距離を表します。1パーセクは、約3.26光年、約20万6265天文単位、約30兆8600億kmに相当します。

Mitakaでは、[スクリーンメニュー]の[3Dチャート]の[画像]から、「天文単位」と「光年」の概念図を見ることができます。[スクリーンメニュー]はキーボードの[X]キーを押して表示し、[X]キーが決定、[Z]キーがキャンセルになります（124ページ参照）。また、[スクリーンメニュー]では、火星の大接近も見ることができます。

1天文単位の概念図

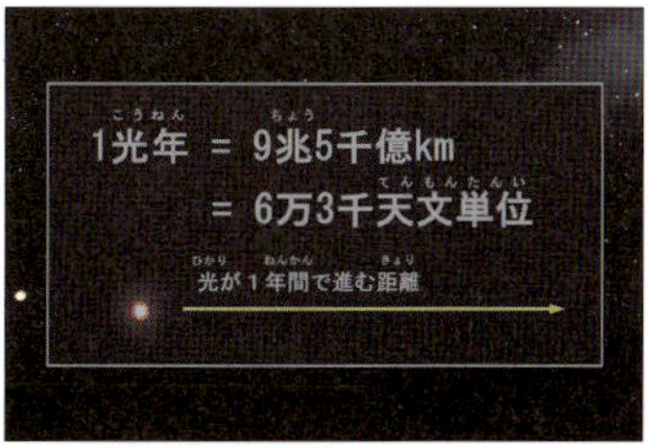

1光年の概念図

太陽系を囲む小天体の集団

彗星の巣・オールトの雲

かつて太陽系の果ては冥王星と考えられてきました。
しかし観測技術が発達し、惑星科学が発展するにつれ、
その外には、彗星の巣とも言うべき彗星の群があると考えられています。

太陽系の果てに広がる彗星群

20世紀半ば、オランダの天文学者・オールトは、これまでに出現した多くの長周期彗星（200年以上かかって太陽を一周する彗星）や、太陽に1回しか接近しない彗星の軌道を計算し、それらの彗星が太陽系の外の3～15兆km（2万～10万天文単位）くらいのところに集まっていると指摘しました。

オールトは、そこに彗星の巣になっている雲のような領域があり、そこから彗星がやってきていると考えたのです。それにより、太陽系を取り巻くように広がっている彗星群の領域は「オールトの雲」と言われています。

オールトの雲は、不明な点が多く、その起源については、まだよくわかっていません。今のところ、太陽系ができたとき、木星の近くにあった微惑星が、木星の重力によって太陽系の外側まで飛ばされてできたという説が有力です。

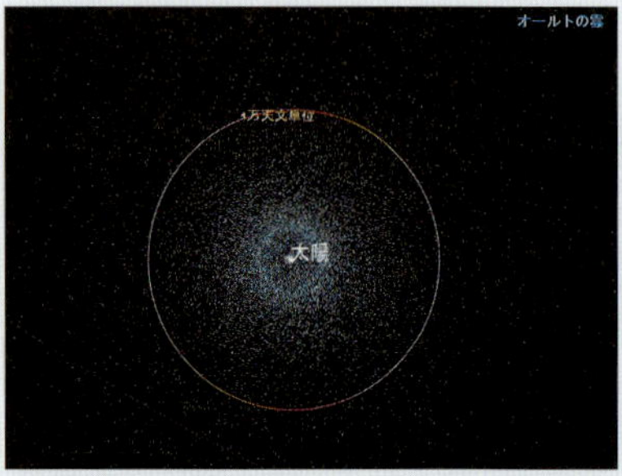

Mitakaでは1万天文単位付近から広がるオールトの雲を見ることができる

オールトの雲に恒星などが接近すると、その影響で彗星が太陽系の内側に落ちこみ、太陽にあぶられて尾をひくと考えられています。

6500万年前の恐竜の絶滅が巨大な隕石の衝突によるものとされているように、かつてこうした彗星が地球に衝突し、大量絶滅を引き起こしたという説もあります。

オールトの雲にある彗星は、水、一酸化炭素、二酸化炭素、メタンなどの氷や岩石を主成分としており、太陽系ができたころの状態そのままだと考えられています。そのため、彗星は「太陽系の化石」と呼ばれています。

太陽系の果ての「オールトの雲」を見てみよう

太陽系を取り囲むようにしてあると考えられている彗星の群を「オールトの雲」と言います。これらは太陽から5万天文単位の距離に集まっていると推測されています。ここではオールトの雲を見てみましょう。

1 1万天文単位のスケールで表示する

離陸したら、[スケール] メニューの [1万天文単位] をクリックします。太陽の周りに集まっている小天体の粒子が表示されます。

One Point
ここで表示されるオールトの雲は想像図(モデル)です。

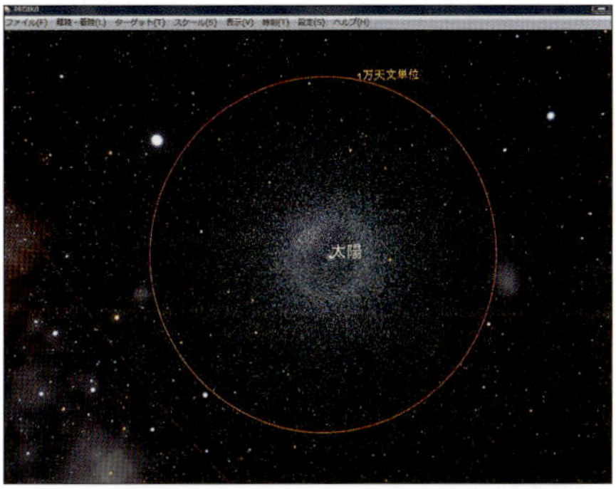

2 ズームアウトして小天体の広がりを見る

ズームアウトして1光年のスケールで表示します。オールトの雲の小天体の範囲が把握できます。

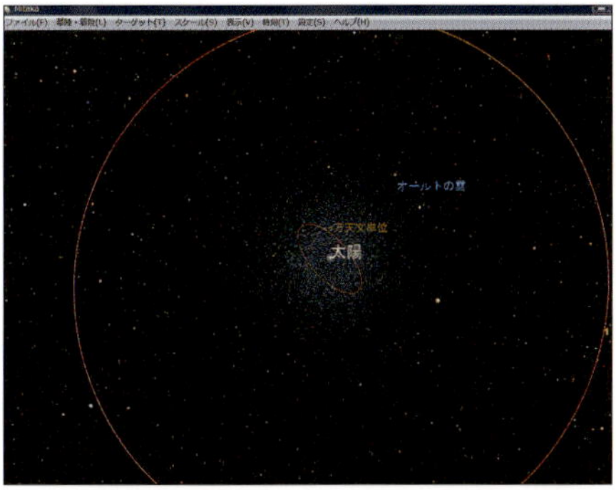

3 オールトの雲付近の恒星を見る

さらにズームアウトしていくと、太陽系にもっとも近い恒星のケンタウルス座のアルファ・ケンタウリと、おおいぬ座のシリウスが見えてきます。

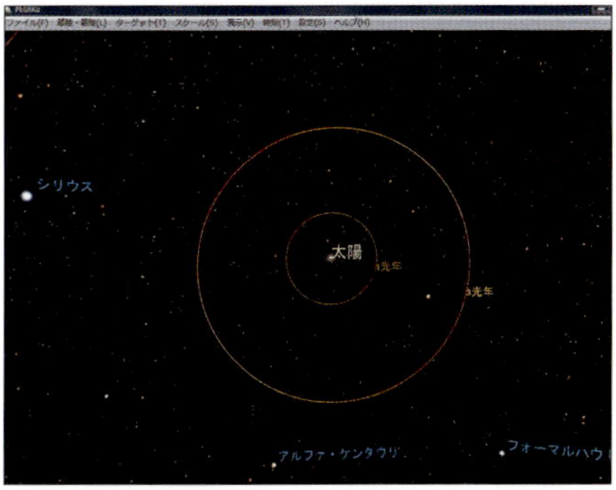

「アルファ・ケンタウリ」「シリウス」に行ってみよう

太陽にもっとも近い恒星は、ケンタウルス座の「アルファ・ケンタウリ」です。おおいぬ座の「シリウス」は全天でいちばん明るい恒星で、太陽から10光年の圏内にあります。ここではそれぞれの星にズームインしてみましょう。

1 アルファ・ケンタウリに移動する

離陸したら、[ターゲット] メニューの [恒星] から [アルファ・ケンタウリ] をクリックします。アルファ・ケンタウリが表示されます。

2 アルファ・ケンタウリの星座での位置を把握する

[表示] メニューの [星座] から [星座線] をクリックしてチェックを付けると、ケンタウルス座の星座線が表示されます。地球上の見え方とは異なる、アルファ・ケンタウリの星座上での位置を把握しましょう。

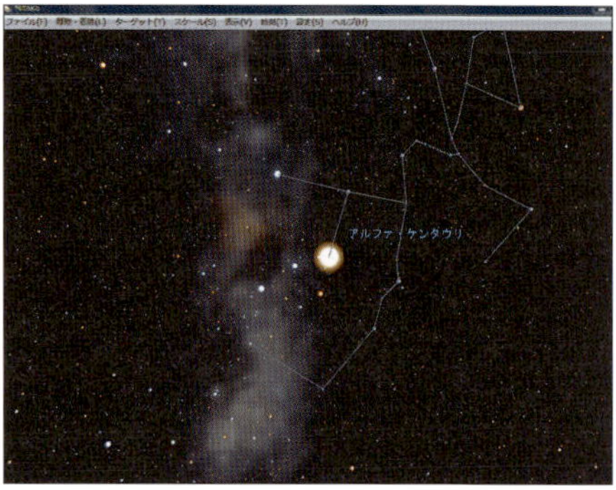

3 シリウスに移動する

同様に、[ターゲット] メニューの [恒星] から [シリウス] をクリックします。シリウスが表示されます。

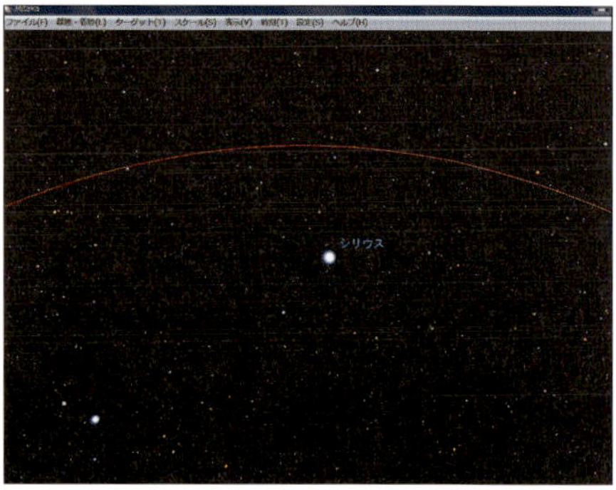

「すばる（プレヤデス星団）」を見てみよう

プレヤデス星団は、神話ではゼウスによって天界へ移された7人のアトラスの娘たちで、日本でも「すばる」の名前で親しまれている人気の高い星団です。おうし座の背中の部分に位置し、［ターゲット］メニューで表示させることができます。

1 すばるに移動する

離陸したら、［ターゲット］メニューの［恒星］から［すばる］をクリックします。すばるが表示されます。上下左右にドラッグし、すばるの星々の立体的な配置を確認してみましょう。

2 すばるの星の名前を表示する

［表示］メニューの［恒星］から［選択した固有名のみ］をクリックしてチェックをはずすと、すばるの星の名前が表示されます。Mitakaでは、「アトラス」と「エレクトラ」が表示されます。

3 フラムスチード番号を表示する

フラムスチード番号とは、星座の赤経順に付けられた番号で、どの星座の何番目の星かを知ることができます。［表示］メニューの［恒星］から［フラムスチード番号］をクリックしてチェックを付けると、「17Tau」などの番号が表示され、すばるがおうし座の星であることがわかります。

小惑星や太陽系外縁天体の軌道を見よう

海王星の外側には、準惑星である冥王星やエリス、セドナだけでなく、無数の外縁天体があります。また、火星の外側にある小惑星帯付近にも、セレス以外の無数の小惑星が存在します。ここではそれらの軌道を表示してみましょう。

1 小惑星帯を表示する

離陸したら、［スケール］メニューの［1天文単位］をクリックします。火星までの惑星が表示されます。ややズームアウトして、小惑星帯を表示します。

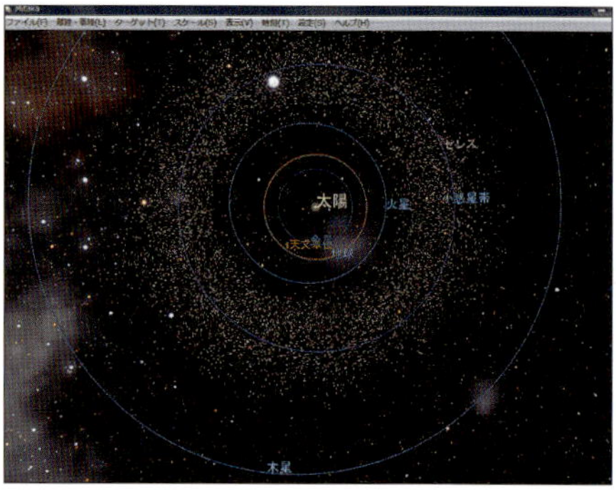

2 そのほかの小惑星を表示する

［表示］メニューの［小惑星］から［選択した小惑星のみ］をクリックしてチェックをはずすと、セレス以外の無数の小惑星が表示されます。

One Point

［表示］メニューの［小惑星］から［軌道］をクリックしてチェックをはずすと、星の名前だけが表示されます。

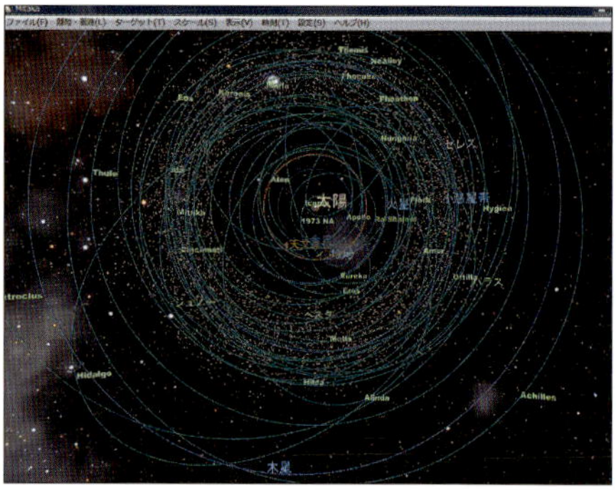

3 無数の太陽系外縁天体を表示する

同様に、100天文単位のスケールで表示し、［表示］メニューの［太陽系外縁天体］から［選択した天体のみ］をクリックしてチェックをはずします。冥王星など以外の無数の外縁天体が表示されます。

One Point

［表示］メニューの［太陽系外縁天体］から［軌道］をクリックしてチェックをはずすと、星の名前だけが表示されます。

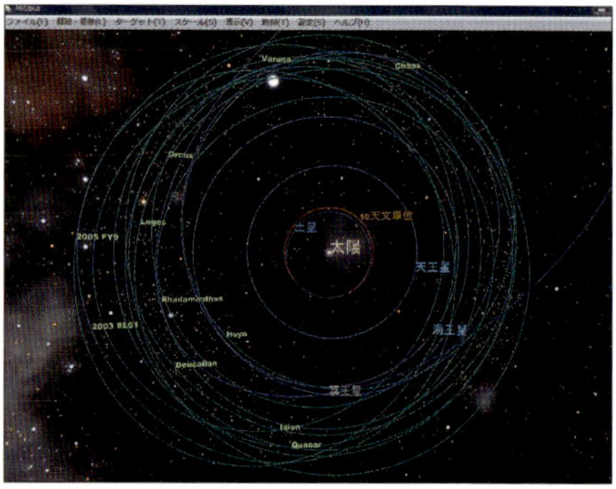

column

太陽の近くにある恒星

太陽にもっとも近い恒星はケンタウルス座のα星

太陽の近くにある恒星は、かなり正確な距離がわかっています。

太陽にもっとも近い恒星は、ケンタウルス座のα（アルファ）星で、距離は4.4光年です。この星は、A星（アルファ・ケンタウリA）、B星（アルファ・ケンタウリB）、プロキシマ（アルファ・ケンタウリC）という3つの星からなっている三重連星です。その中でもっとも太陽に近いのはプロキシマで、距離は4.2光年あります。

以下、ケンタウルス座α星（A星・B星）（4.4光年）、バーナード星（5.9光年）、ウォルフ359（7.7光年）、BD＋36°2147（8.3光年）、ロイテン726－8（A・B連星）（8.4光年）、おおいぬ座α星（シリウスA・B連星）（8.6光年）、ロス154（9.7光年）、ロス248（10.4光年）、エリダヌス座ε星（イプシロン）（10.5光年）CD－36°15693（10.7光年）、ロス128（10.9光年）、はくちょう座61（A・B連星）（11.4光年）、こいぬ座α星（プロキオンA・B連星）（11.4光年）、ロイテン789－6（11.4光年）などが、太陽の近くの恒星として挙げられます。

すぐ近くの星とは言っても、仮に太陽が直径1mの球だとすると、ケンタウルス座α星は3万kmも離れたところにあることになります。

2つの星が連なるシリウス

アルファ・ケンタウリとは異なり、おおいぬ座のシリウスは2つの星が回り合う連星です。シリウスは全天でいちばん明るい星で、直径が太陽の約2.4倍の主星と地球と同じくらいの大きさの白色矮星で構成されます。明るいほうの星がシリウスA、暗いほうの星がシリウスBと呼ばれます。シリウスBの表面での重力は地球の40万倍にもなります。

シリウスは地球から約8.6光年の距離にあり、アルファ・ケンタウリと比べると2倍以上も太陽から離れています。

直径10万光年の棒渦巻銀河

太陽系の所属する銀河系

わたしたちの太陽系が所属している銀河を「銀河系」と言います。
銀河系は、約10万光年の直径を持ち、その中心には、
巨大なブラックホールが存在すると考えられています。

太陽系が所属する「銀河系」の姿とは？

　数百億〜数千億の恒星が集まってできている天体を「銀河（galaxy）」、その中で太陽系が所属する銀河を「銀河系（the Galaxy）」あるいは「天の川銀河（the Milky Way Galaxy）」と呼びます。

　銀河系は2000億もの星の集まりで、「円盤部（ディスク）」が渦巻き構造を持つ「渦巻銀河」の一種ですが、最近ではそのなかでも「棒渦巻銀河」という説が有力になっています。

　銀河系の直径は約10万光年ほどで、中心部には「バルジ」と呼ばれる直径約1万5000光年ほどのふくらんだ部分があります。バルジには比較的古い星が集まっていて、それを取り巻くように、若い星やガスで形成された円盤部があります。バルジと円盤部の外側には、球状星団などからなる球形の「ハロー」があります。

銀河系には2000億もの星が集まっている

　銀河系には「いて座腕（アーム）」「ペルセウス腕（アーム）」と言う、中心から伸びる渦巻きの「腕」があります。太陽系は、この2つの「腕」にはさまれた「オリオン腕（アーム）」の銀河系の中心側にあります。

　銀河系の中心は、地球からいて座の方向に、約3万光年ほど離れたところにあります。そこには「いて座A」と呼ばれる強い電波源があり、その中心には巨大なブラックホールがあると考えられています。

　銀河系の円盤は回転しており、太陽系は銀河面を上下運動しながら、約2億4000万年かけて銀河系の周りを1回転しています。

太陽系から銀河系の中心を見てみよう

銀河系は円盤のような形状をしており、直径は10万光年ほどあるのに対して、幅はその500分の1ほどしかないと考えられています。ここでは銀河系における太陽系の位置を把握し、太陽系から銀河系の中心の「バルジ」を見てみましょう。

1 1万光年のスケールで表示する

離陸したら、[スケール] メニューの [1万光年] をクリックします。太陽系がズームアウトして表示され、ろ座矮小銀河やおおいぬ座矮小銀河などが表示されます。

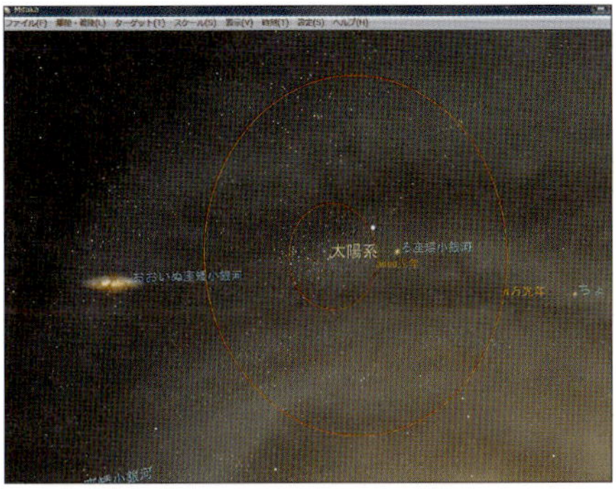

2 太陽系が含まれる「腕」を見る

太陽系からズームアウトし、銀河系の中心から伸びる渦巻きの「腕（アーム）」を見ながら、太陽系の位置を把握します。

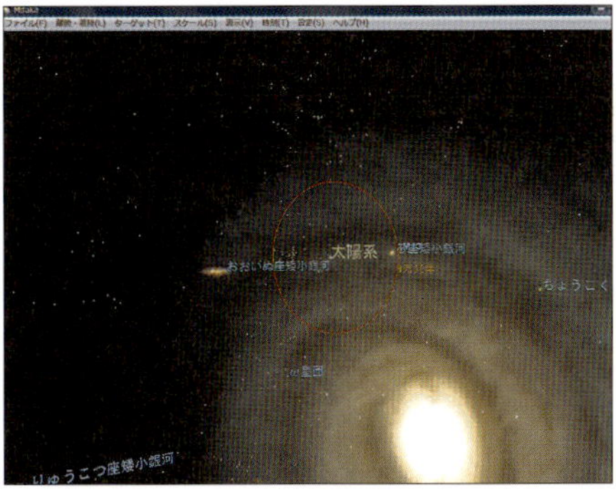

One Point

太陽系は銀河系のオリオン腕（アーム）と呼ばれる部分に位置しています。

3 太陽系から銀河系の中心を見る

上下左右にドラッグし、銀河系の中心の「バルジ」を表示します。そのほか、さまざまにドラッグして銀河系の形状を確認してみましょう。

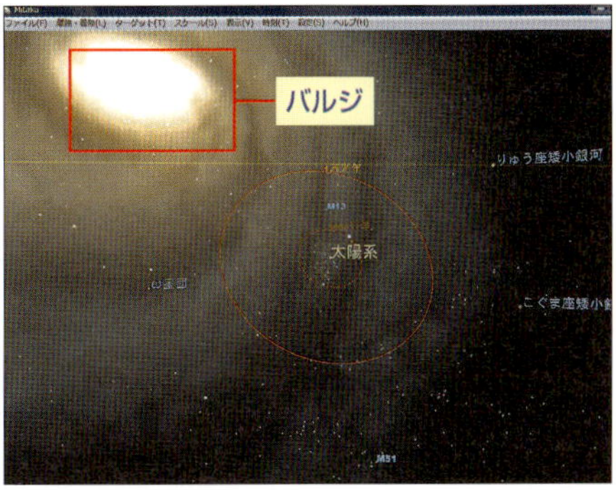

銀河系を真横から見てみよう

銀河系を真横から見ると、銀河系の円盤上にあるダスト（塵）に星の光が吸収され、円盤上に影ができたように見えます。ここでは上下左右にドラッグし、銀河系を真横から見てみましょう。

1 銀河系を表示する

離陸したら、［ターゲット］メニューの［銀河系外天体］から［銀河系中心］をクリックします。真上から見た銀河系が表示されます。周囲には大マゼラン雲や小マゼラン雲なども表示されます。

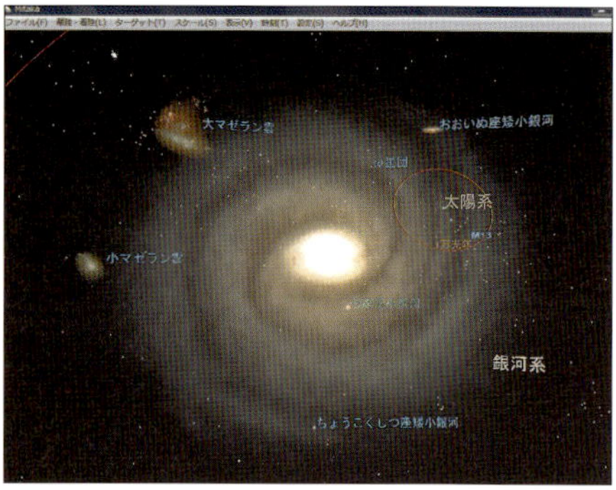

2 ドラッグして銀河系を真横から見る

上下左右にドラッグし、銀河系を真横から表示します。銀河系の円盤上の「バルジ」が少しふくらみ、中央の星の光が吸収されて影のように見えることがわかります。

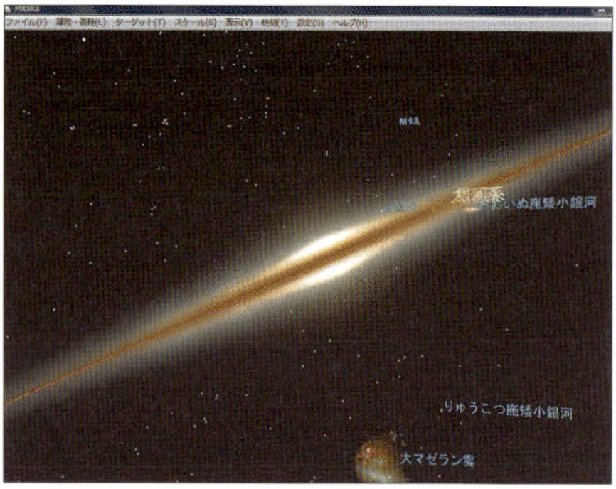

3 スケール線を非表示にする

［表示］メニューの［スケール線］から［スケール線（円）］をクリックしてチェックをはずします。スケール線が非表示になり、銀河系をはっきり見ることができます。

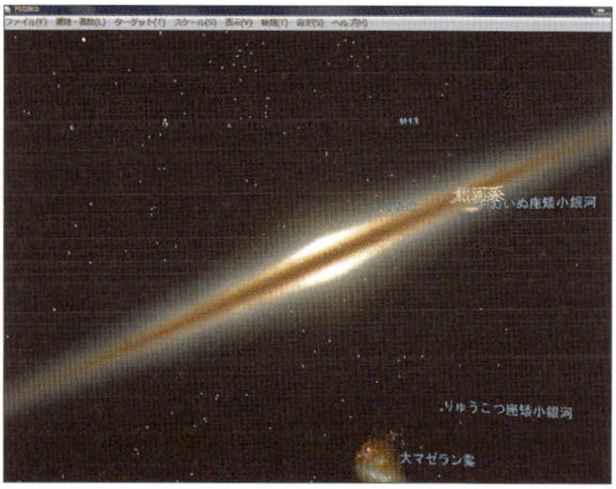

銀河系外天体を見てみよう

銀河系の周りには球状星団と呼ばれる星の集団が多数取り巻いています。また、宇宙空間には銀河系以外にもたくさんの銀河があります。ここでは「球状星団M13」と「アンドロメダ銀河」を見てみましょう。それぞれ［ターゲット］メニューから移動できます。

1 銀河系外天体を表示する

離陸したら、［ターゲット］メニューの［銀河系外天体］から［球状星団M13］をクリックします。

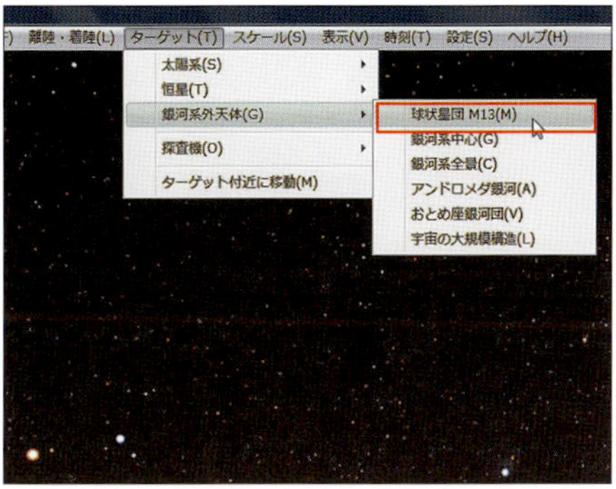

2 球状星団を観察する

球状星団M13が表示されます。球状星団は10万個ほどの恒星が集まってできている星団で、銀河系の円盤部の外側にあります。

3 アンドロメダ銀河を観察する

同様に、［ターゲット］メニューの［銀河系外天体］から［アンドロメダ銀河］をクリックします。アンドロメダ銀河が表示されます。銀河系に似た渦巻銀河で、太陽系から230万光年ほど離れています。

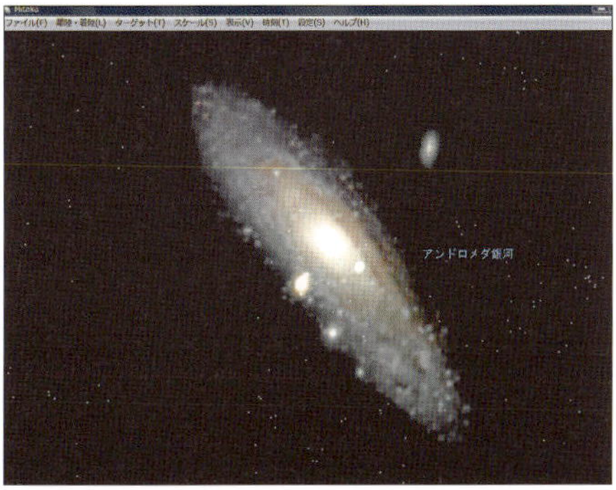

銀河が集まり合って形成される巨大構造

全宇宙に及ぶ大規模構造

銀河は「銀河群」「銀河団」などの集団をつくっています。
宇宙には銀河がまったくない暗黒の空間が「泡」のように存在し、
銀河はその表面に「泡」のように分布しているのです。

数百個から数千個の銀河の集まりが「銀河団」

かつて銀河は、宇宙の中で一様に分布していると考えられていました。しかし、その後の観測によって、銀河は単独で存在するよりも集まる傾向が強く、集団を形成していることがわかってきました。

数個から数十個ほどの銀河の集団を「銀河群」、50個以上の銀河が1000万光年ほどのスケールに集まっているものを「銀河団」と言います。

銀河群、銀河団はさらに巨大な「超銀河団」を形成しています。1億光年程度より大きな構造を超銀河団と呼びます。

わたしたちの銀河系は、直径約300万光年の領域に、大小30個以上の銀河が集まって「局部銀河群」を形成しています。もっとも銀河系に近い銀河団は、約6000万光年離れたところにある「おとめ座銀河団」です。

1980年代になると、宇宙には約1億光年以上にわたって銀河がない空間があることがわかりました。

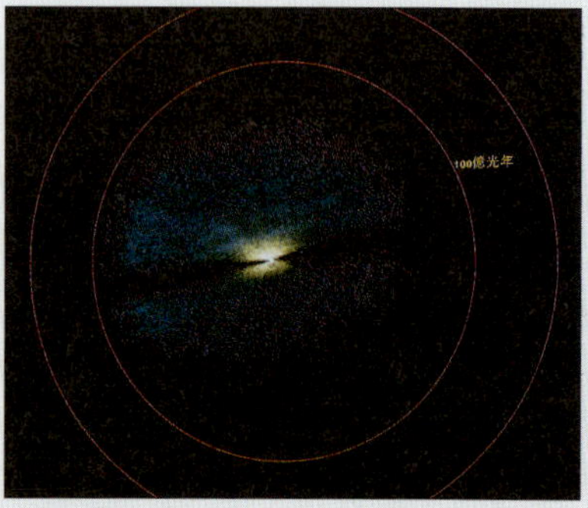

Mitakaではクエーサーの分布も確認できる

その空間は「ボイド（空洞）」と呼ばれ、宇宙ではこのボイドが「泡」のようにいくつも連なり、その泡の表面に超銀河団が分布しています。

このような、ほとんど全宇宙に及ぶ構造を「宇宙の大規模構造」と呼んでいます。

さらに銀河系から3億光年ほどのところには、長さ数億光年以上のスケールにわたって数千億の銀河が壁のように連なる、「グレートウォール」と呼ばれる構造があることがわかっています。

おとめ座銀河団を見てみよう

銀河が集まってできているものが銀河団で、おとめ座銀河団は銀河系からもっとも近い位置にあります。おとめ座銀河団を表示すると、中央に「M87」と表示されます。これは、おとめ座銀河団の中心の銀河で、非常に明るい光を発しています。

1 おとめ座銀河団を表示する

離陸したら、[ターゲット] メニューの [銀河系外天体] から [おとめ座銀河団] をクリックします。

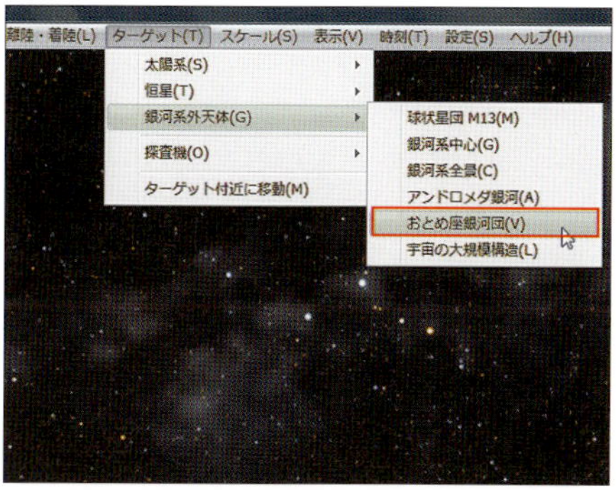

2 おとめ座銀河団を観察する

おとめ座銀河団が表示されます。中央に「M87」と呼ばれる、おとめ座銀河団の中心の銀河が表示されます。ズームイン・ズームアウトし、銀河団を観察しましょう。

3 おとめ座銀河団の銀河の構成を知る

[表示] メニューの [銀河] から [おとめ座銀河団をマーク] をクリックしてチェックを付けると、おとめ座銀河団を構成する銀河が緑色になります。おとめ座銀河団に含まれる銀河がどのように分布しているのかを観察してみましょう。

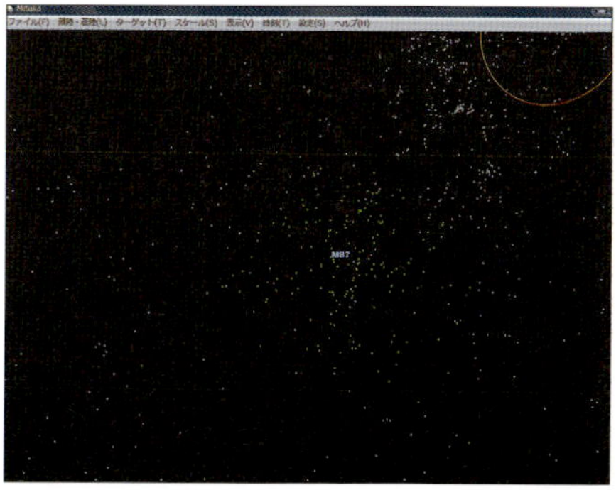

宇宙の果ての大規模構造を見てみよう

宇宙の年齢は137億歳と考えられています。ここでは、現在わたしたちが観測することができる宇宙の「果て」である137億光年までを表示して、無数の銀河が作り出す宇宙の大規模構造を見てみましょう。

1 大規模構造を表示する

離陸したら、［ターゲット］メニューの［銀河系外天体］から［宇宙の大規模構造］をクリックします。

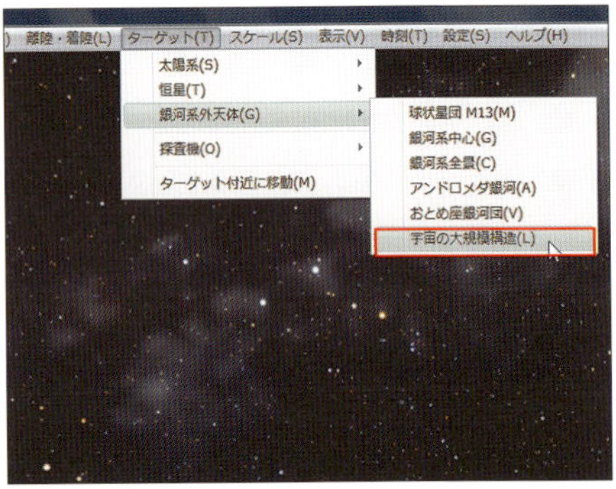

One Point

お使いのパソコンによっては、宇宙の大規模構造を表示する際に無数の星を表示するため、動作が遅くなることがあります。

2 大規模構造を観察する

宇宙が10億光年のスケールで表示され、大規模構造が表示されます。ズームイン・ズームアウトしたり、上下左右にドラッグしたりして、大規模構造を観察しましょう。

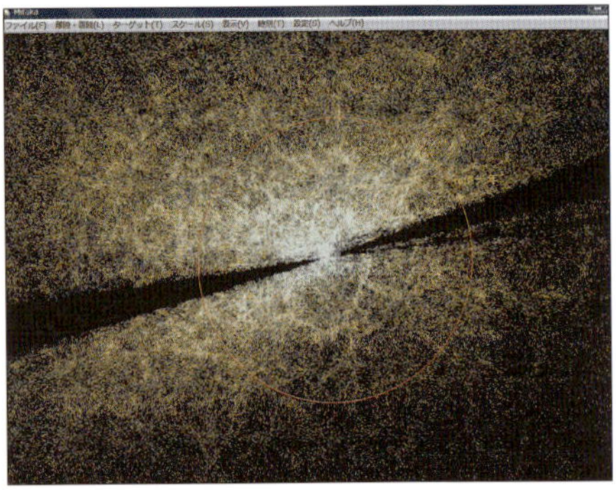

One Point

大規模構造がリボンの形状に見えるのは、現在、正確に観測できている部分だけが表示されているためです。

3 ズームアウトして宇宙の果てを見る

宇宙の大規模構造からズームアウトしていくと、137億光年のスケールで光が表示されなくなります。

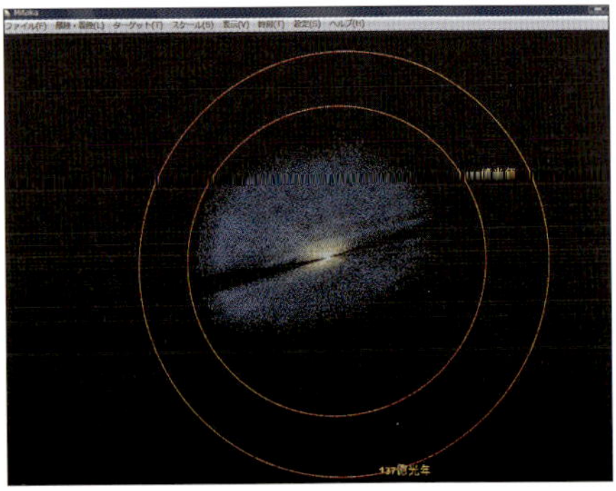

クエーサーとは

Mitakaでは、クエーサーの表示・非表示を切り替えることができます。クエーサーとは、非常に明るい光を発する天体で、活動銀河核の一種であると考えられています。50億光年から130億光年に多く見つかっています。

1 100億光年のスケールで表示する

離陸したら、［スケール］メニューの［100億光年］をクリックします。

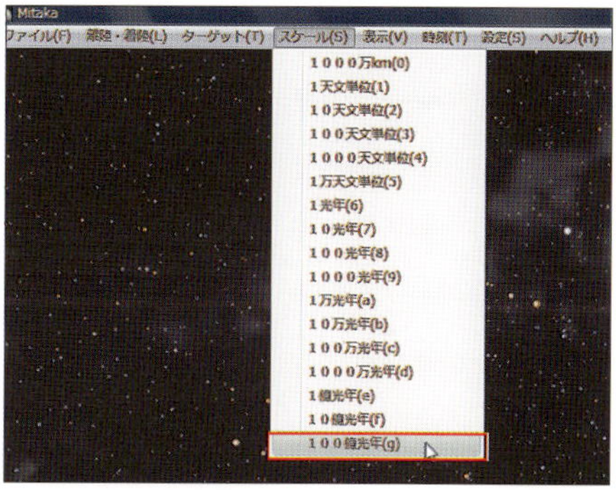

2 クエーサーを確認する

宇宙が100億光年のスケールで表示され、大規模構造が表示されます。大規模構造の外側にあり、青い点で示されている天体がクエーサーです。

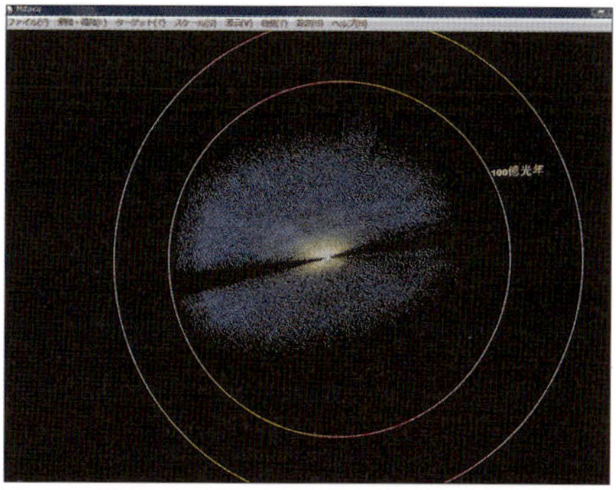

3 クエーサーを非表示にする

［表示］メニューの［銀河］から［クエーサー］をクリックしてチェックをはずすと、クエーサーが非表示になります。銀河の分布がはっきり見えるようになります。

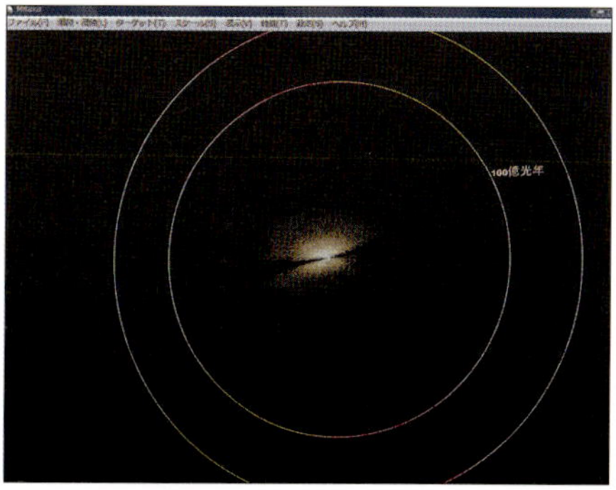

column

宇宙の年齢は137億歳

宇宙はビッグバンによって誕生し膨張を続けている

はるか昔、宇宙はビッグバンという大爆発によって生まれ、それ以来、現在も膨張を続けていると考えられています。

宇宙の膨張を発見したのは、アメリカの天文学者・ハッブルでした。1929年、ハッブルは遠い銀河ほど速く地球から遠ざかっていることを発見しました。銀河までの距離が2倍になると後退速度も2倍、距離が3倍になると後退速度も3倍になっていたのです。ハッブルの発見は、宇宙が膨張していることを意味していました。

この「遠くにある銀河の後退速度と距離が比例する」という法則を「ハッブルの法則」、宇宙の膨張する距離と速さとの割合（比例定数）を「ハッブル定数」と言います。この定数が正確にわかれば、逆算することによって、宇宙の膨張が始まったときが何億年前なのかがわかるのです。

しかし、数多くの銀河を観測し、その距離と後退速度を正確に測定することはなかなか困難で、宇宙の年齢はおよそ100〜150億歳というところまでしかわかりませんでした。

2003年2月になって、NASAは「宇宙の年齢は約137億歳」と発表しました。この宇宙の年齢は、2001年にNASAが打上げたマイクロ波観測衛星「WMAP」の観測データを解析して導かれたものです。現在では、この「137億歳」が、もっとも正確な宇宙の年齢とされています。

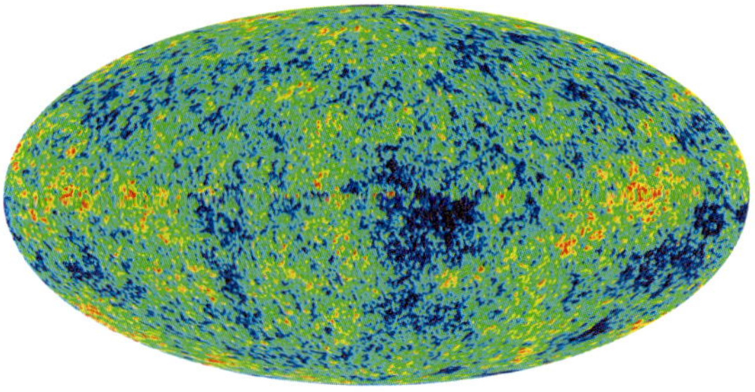

WMAPが観測した誕生直後の宇宙

Part 4

Mitakaをさらに使いこなそう

Mitakaでは天体や宇宙空間を見て楽しむだけでなく、
探査機の航路を追ったり、表示した空間を保存したりもできます。
また、本書の付属CD-ROMには、
最新の研究成果を可視化した「ムービー」も収録していますので、
天文学の世界を体感することも可能です。
いろいろな楽しみ方があるMitakaをさらに活用してみましょう。

探査機の航路を追う

わたしたちの太陽系の惑星に関する知識の多くは、
さまざまな惑星探査機によって得られたものです。
ここでは、これまでのおもな探査機を紹介します。

木星から海王星の探査を行った探査機たち

■パイオニア10号・11号

パイオニア10号は1972年に打ち上げられ、初めて木星探査を行った探査機です。11号は1973年に打ち上げられ、木星に接近したあと、初めて土星の観測に成功しました。

機体には地球外生命に遭遇したときのために、地球や人間の男女などが描かれた金属板が搭載されています。パイオニア10号と11号は、太陽系外を目指して飛行中ですが、信号は途絶えてしまっています。

■ボイジャー1号・2号

ボイジャー1号は、1977年9月に打ち上げられ、1979年3月に木星、1980年11月には土星の探査を行いました。

2号は、1977年8月に打ち上げられ、1979年8月に木星、1981年8月に土星、1986年1月に天王星、1989年8月に海王星の探査を行いました。

ボイジャー1号と2号は、現在でも太陽系の果てに向かって航行中で、信号を送り続けています。

数十年後には、太陽風の届く範囲を越え、星間空間に到達する予定です。

■ガリレオ

ガリレオは1989年に打ち上げられた木星探査機です。1995年12月に木星に到着し、周回軌道を回って木星や木星の衛星の観測を行いました。

2003年9月、8年間にわたる探査を終え、ガリレオは木星の大気圏に突入して役割を終えました。

■カッシーニ

カッシーニは1997年の打ち上げられた土星探査機です。2004年7月に土星の周回軌道に入り、現在も観測を行っています。カッシーニの観測データから、新しい土星の環や土星の衛星が発見されており、今後の観測によって新たなる発見が期待されています。

搭載されていたプローブ（突入機）の「ホイヘンス」は2005年1月に土星の衛星のタイタンへの着陸に成功し、大気などの探査を行いました。

パイオニアの位置を確認しよう

パイオニア10号と11号は、木星と土星を探査したあと、太陽系外へ飛び出しつつあります。現在では通信が途絶えてしまいましたが、Mitakaでは、パイオニアが到達していると考えられる位置を確認することができます。

1 パイオニア10号を表示する

離陸したら、［ターゲット］メニューの［探査機］から［パイオニア10号］をクリックします。パイオニア10号が表示されます。

2 パイオニア10号にズームインする

ズームインしていくと、パイオニア10号が拡大して表示されます。上下左右にドラッグし、さまざまな角度から機体を見てみましょう。

3 パイオニア10号の位置を確認する

ズームアウトしていくと、セドナやエリスなどの公転軌道と、100天文単位のスケール線が表示されます。パイオニア10号は100天文単位付近を航行していることがわかります。

One Point
同様の操作でパイオニア11号の機体や位置も確認できます。

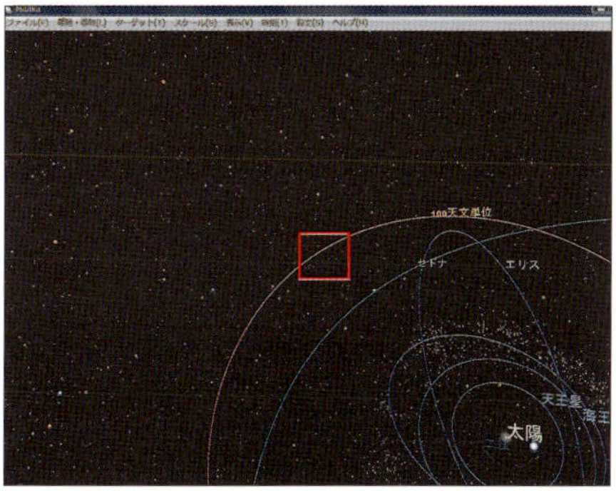

パイオニアの航路を確認しよう

パイオニア10号は1972年、11号は1973年に打ち上げられ、航行を続けています。Mitakaでは、探査機の軌道を表示し、探査機の航路を確認することができます。ここでは1972年3月5日に時刻を設定してパイオニア10号の航路を確認してみましょう。

1 1972年3月5日に時刻を設定する

［時刻］メニューの［時刻の設定］をクリックします。［時刻の設定］ダイアログボックスが表示されたら、「1972年3月5日00時00分00秒」に設定します。

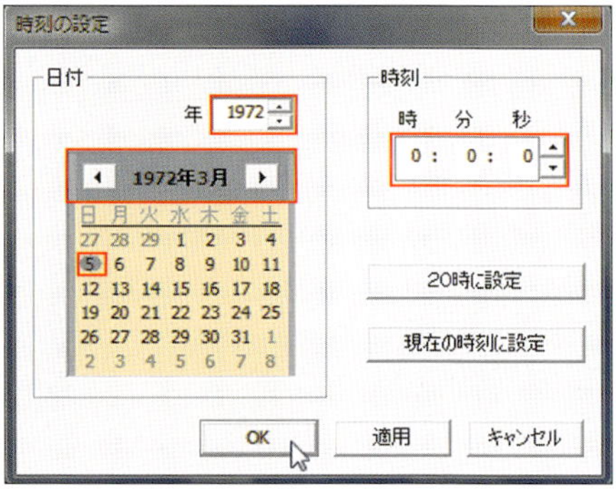

2 パイオニア10号を表示する

離陸したら、［ターゲット］メニューの［探査機］から［パイオニア10号］をクリックします。ズームインしていくと、パイオニア10号が表示されます。

One Point

ここでは、惑星の拡大率を［拡大1］に設定しています。

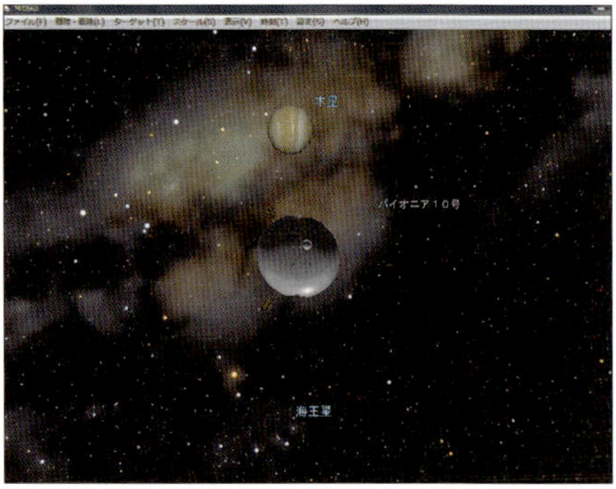

3 パイオニア10号を移動させる

［時刻］メニューの［1週間］をクリックし、進める時刻の単位を1週間に設定します。ウィンドウの右上にマウスポインタを合わせると表示される［+］をクリックします。マウスの左ボタンを押し続けたぶんだけ時刻が進み、パイオニア10号が移動します。

4 太陽系を表示する

次に宇宙空間からパイオニア10号の軌道を確認してみましょう。時刻を「1972年3月5日00時00分00秒」に戻し、[ターゲット] メニューの [太陽系] から [太陽] をクリックします。太陽が表示されます。ズームイン・ズームアウトしたり、上下左右にドラッグしたりして、軌道が見やすい状態にします。

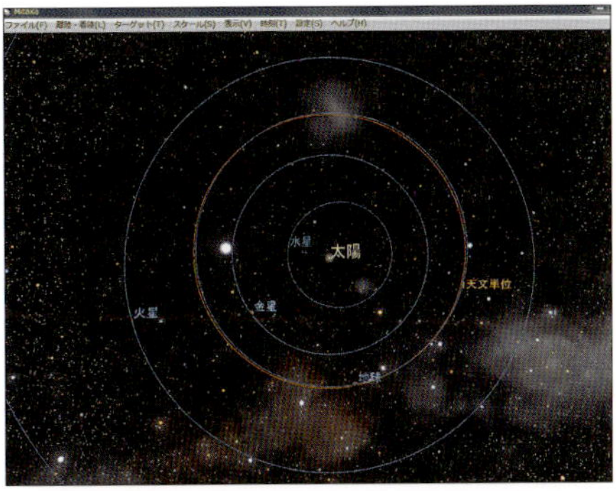

5 パイオニア10号の軌道を表示する

[表示] メニューの [探査機の軌道] から [パイオニア10号] をクリックしてチェックを付けます。ウィンドウの右上にマウスポインタを合わせると表示される [+] をクリックします。マウスの左ボタンを押し続けたぶんだけ時刻が進み、パイオニア10号が打ち上げられ、宇宙空間を航行していく様子が確認できます。

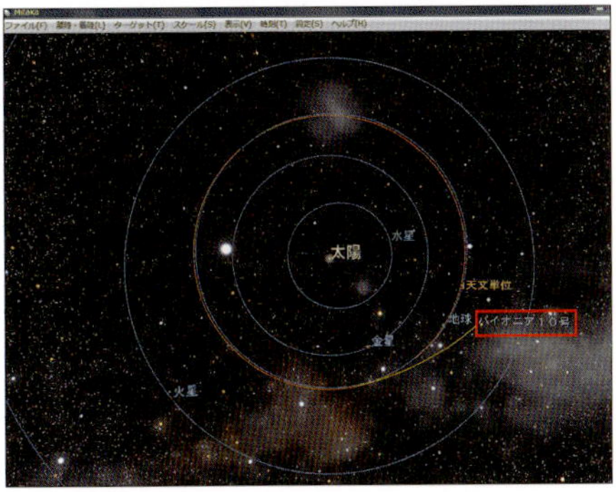

6 パイオニア10号が木星に接近する

ズームアウトし、さらに時刻を進めます。パイオニア10号が木星に接近していく様子が確認できます。

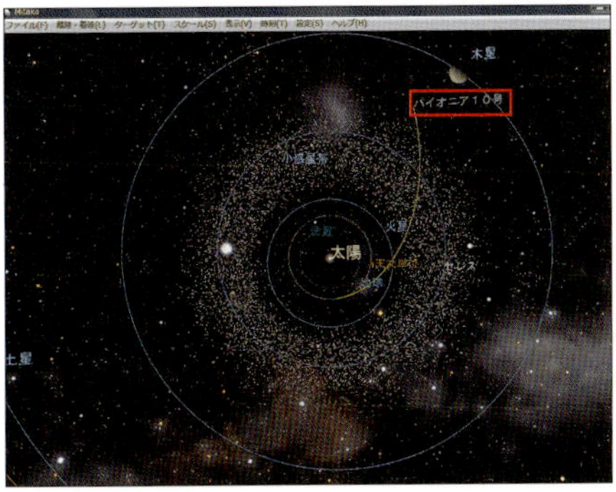

ボイジャーの航路を確認しよう

惑星探査機のボイジャーは、パイオニアとは異なり、現在でも信号を送ってきています。ここではボイジャー1号と2号の軌道を表示した状態で、現在までに航行してきたそれぞれの航路を確認してみましょう。

1 太陽系を表示する

離陸したら、［ターゲット］メニューの［太陽系］から［太陽］をクリックします。太陽が表示されます。ズームイン・ズームアウトしたり、上下左右にドラッグしたりして、軌道が見やすい状態にします。

One Point

ここでは、惑星の拡大率を［拡大1］に設定しています。

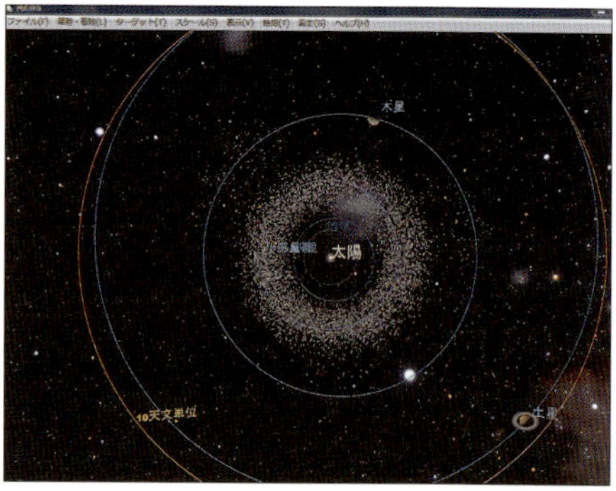

2 ボイジャーの軌道を表示する

［表示］メニューの［探査機の軌道］から［ボイジャー1号］と［ボイジャー2号］をクリックしてチェックを付けます。ボイジャーの軌道が表示されます。

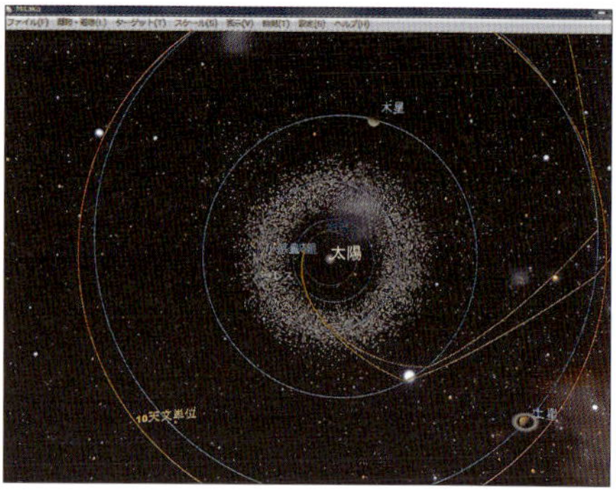

3 ボイジャーの軌道を確認する

ズームアウトし、ボイジャーの軌道を確認します。折れ曲がりながら、別々の軌道を航行するボイジャーの航路が確認できます。

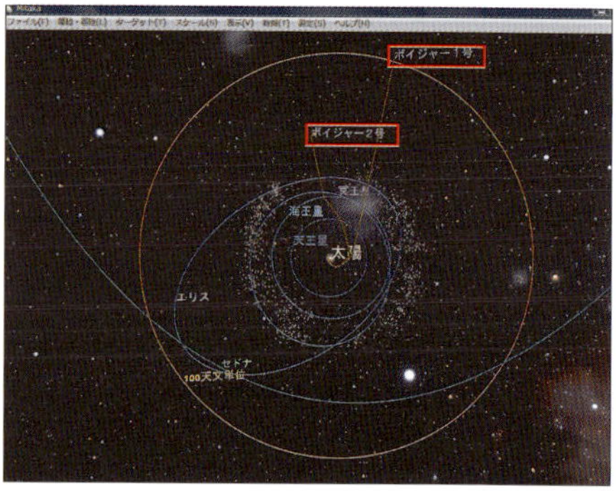

column

スイングバイとは

惑星の重力を利用して軌道を変更する

Mitakaで探査機の航路を表示すると、惑星の近くを通ったときに折れ曲がったような軌道を描いていることがわかります。これは惑星の重力を利用して、探査機の軌道を変えたり加速したりする「スイングバイ」という方法を用いているからです。

探査機が天体の近くを通過すると、天体の重力によって軌道が変わります。このとき、軌道修正や加速（あるいは減速）を行うことができるのです。

スイングバイは、惑星探査に欠かせない技術です。探査機に積める燃料は限られていますが、スイングバイを行うと目的とする天体に向かうための燃料を節約できます。現在では、多くの探査機が、いったん金星や地球によるスイングバイを行っています。

木星を探査したあと土星、天王星、海王星へと向かった「ボイジャー2号」は、はじめに木星でスイングバイを行って軌道を変更し、土星へ向かいました。さらに土星でスイングバイを行い、天王星、海王星へと向かいました。ボイジャー2号には、地球から打ち上げられたときには、木星へ行けるだけの速度しかありませんでしたが、スイングバイによって、それ以後の飛行が可能になったのです。

また土星探査機「カッシーニ」は、金星で2回、地球と木星で1回ずつスイングバイを行い、土星に向かいました。

Mitakaで再現されたカッシーニ

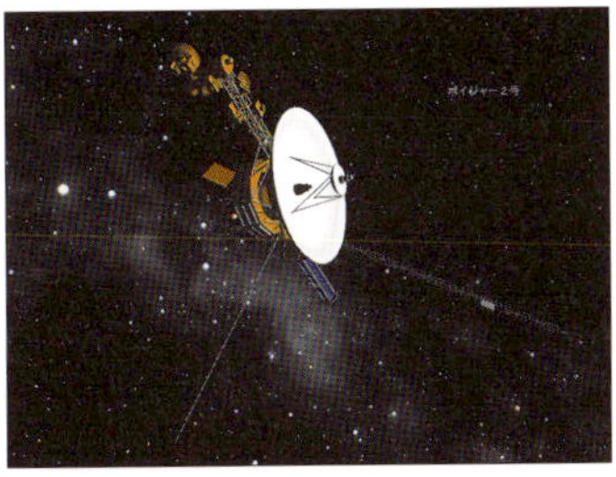

Mitakaで再現されたボイジャー２号

好みの宇宙空間を切り取って保存できる

宇宙の絶景を保存する

Mitakaでは、表示されている画面を簡単に切り取って保存できます。
地球上から見た星空だけでなく、太陽系や銀河など、
宇宙の絶景を表示して保存しましょう。

好みの画面を保存しよう

［ファイル］メニューの［画像を保存］か［任意のサイズで画像を保存］をクリックすれば、表示した画面を保存することができます。［任意のサイズで画像を保存］をクリックすると、大きさを指定して画像を保存することもできます。

1 宇宙の絶景を表示する

これまでに紹介したさまざまな機能を使って宇宙の絶景を表示します。［ファイル］メニューの［画像を保存］をクリックします。

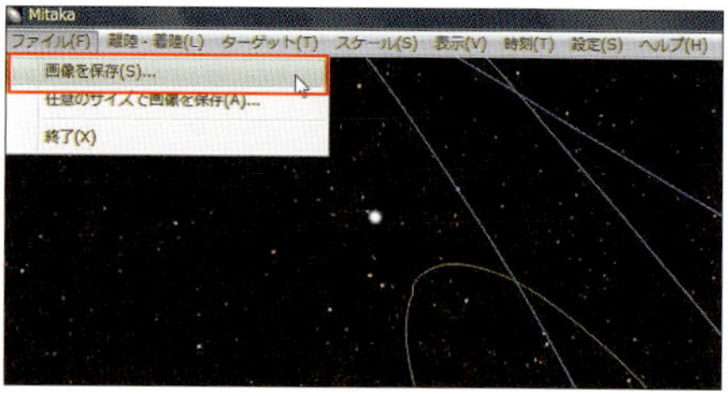

2 画像を保存する

［画像をファイルに保存］ダイアログボックスが表示されます。［ファイル名］欄にファイル名を入力し、［ファイルの種類］欄の［▼］をクリックしてファイル形式を選択したら、［OK］をクリックします。画像が保存されます。

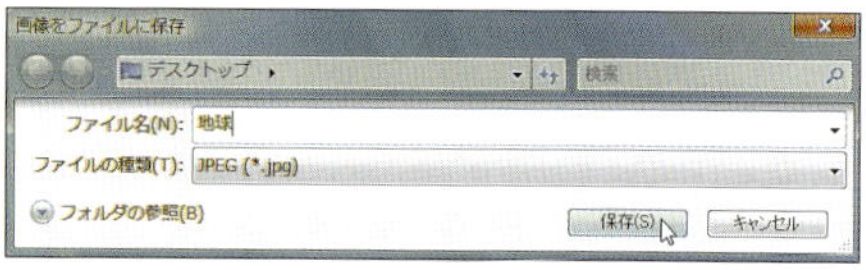

■地球と月

惑星の拡大率を変え、日本に太陽光が当たるようにして、地球と月を表示させた。惑星と衛星の名前や軌道、雲などは非表示にしている。

■太陽系

惑星の拡大率を変え、惑星だけを表示させている。右から、金星、木星、太陽、水星、火星、地球、月、土星。

■木星とボイジャー2号

木星に接近するボイジャー2号をターゲットにし、探査機の軌道を表示させている。

■土星の環

下側から土星の環にズームインしている。

■太陽系を含む銀河系

銀河系をターゲットにし、恒星や銀河、惑星の名前などを非表示にして、銀河系だけがはっきり見えるようにしている。右下に見える星の集まりが太陽系。

■宇宙の大規模構造

スケール線を非表示にした宇宙の大規模構造。

Mitaka使いこなしアイデア

Mitakaでは、現在の時刻の経過に合わせて天体を動かしたり、
スクリーンメニューでさまざまな設定を行ったりすることができます。
スクリーンメニューでは、3Dチャートを見ることもできます。

「実時間モード」に設定しよう

［時刻］メニューの［実時間モード］をクリックすれば、パソコンに設定されている時刻に合わせて時間を経過させることができます。これを活用すれば、パソコンを見ながら天体観測を楽しむこともできます。

1 実時間モードに設定する

Mitakaを起動したら、［時刻］メニューの［実時間モード］をクリックします。

One Point

実時間モードはパソコンに設定されている時刻に合わせて経過するので、あらかじめパソコンの時計を正しく設定しておく必要があります。

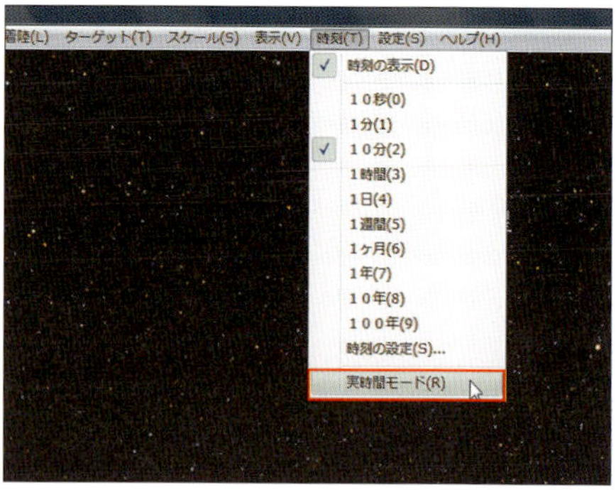

2 実時間モードで星空を眺める

星座線などを表示して、実際の星空を楽しみます。

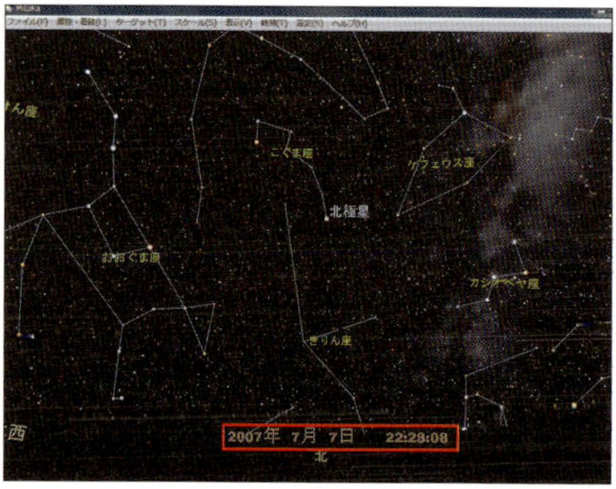

天の川を明るく表示しよう

Mitakaでは、実際には見づらい6等星の星などもきれいに表示されるため、天の川の位置がわかりにくい場合があります。そのときは天の川を明るく表示して位置を確認しましょう。

1 天の川を明るく表示する

Mitakaを起動したら、上下左右にドラッグし、南東の空を表示します。[表示] メニューの [天の川] から [明るい天の川] をクリックしてチェックを付けます。

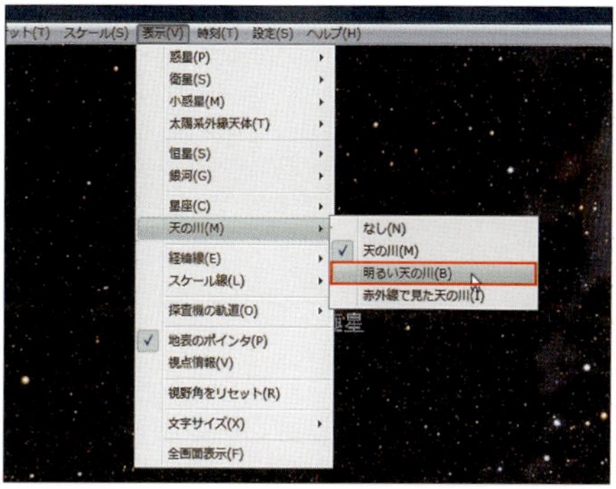

2 天の川の位置を確認する

天の川が明るく表示されます。

3 赤外線で天の川を見る

[表示] メニューの [天の川] から [赤外線で見た天の川] をクリックしてチェックを付けると、赤外線で見た天の川も確認することができます。

スクリーンメニューを使いこなそう

Mitakaでは、キーボードの［X］キー押すと、スクリーンメニューを表示させることができます。スクリーンメニューでは、［X］キーが「決定」、［Z］キーが「キャンセル」です。これを使えば、Mitakaの設定がすぐに行えます。

1 太陽系を表示する

離陸したら、太陽をターゲットにし、火星が見える位置までズームアウトします。上下左右にドラッグしたり時刻を進めたりして、太陽系の惑星が見やすい状態にします。

One Point
ここでは、惑星の拡大率を［拡大率2］に設定し、小惑星帯を非表示にしています。

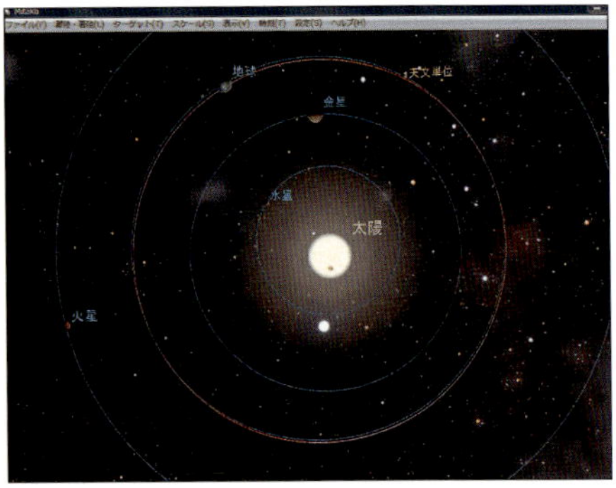

2 スクリーンメニューで設定する

［X］キーを押してスクリーンメニューを表示し、［表示設定］を選択して［X］キーを押し、［ヘッドライト］で［X］キーを押します。

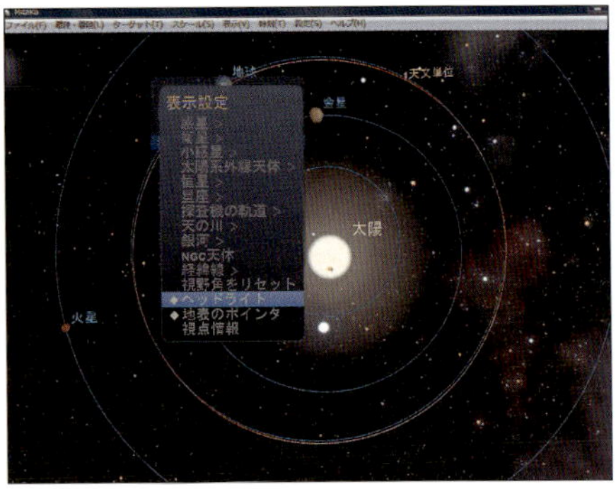

3 ヘッドライト表示に設定される

ヘッドライト表示に設定され、太陽光に関係なく、すべての惑星の全体に光が当たっている状態で表示されます。太陽系の惑星をはっきり見ることができます。

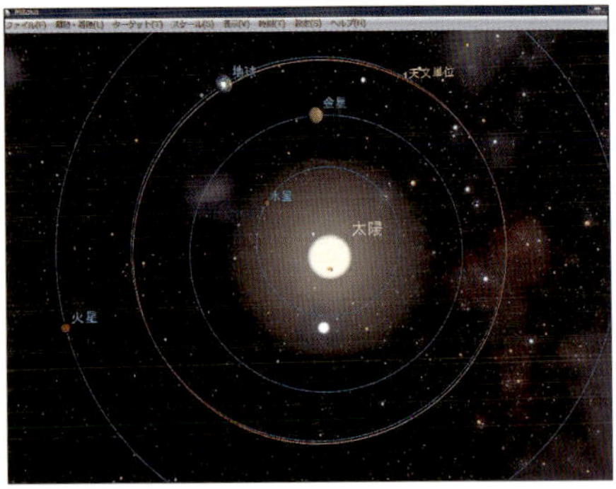

3Dチャートを見よう

3Dチャートでは、太陽系の惑星の大きさや、太陽系外縁天体の種類などを見ることができます。改めて惑星の大きさや天体の種類、恒星の温度などを確認したい場合は、スクリーンメニューを表示しましょう。

1 スクリーンメニューを表示する

[X] キーを押してスクリーンメニューを表示し、[3Dチャート] を選択して [X] キーを押します。[3Dチャート] の [太陽系の惑星] を選択して [X] キーを押します。

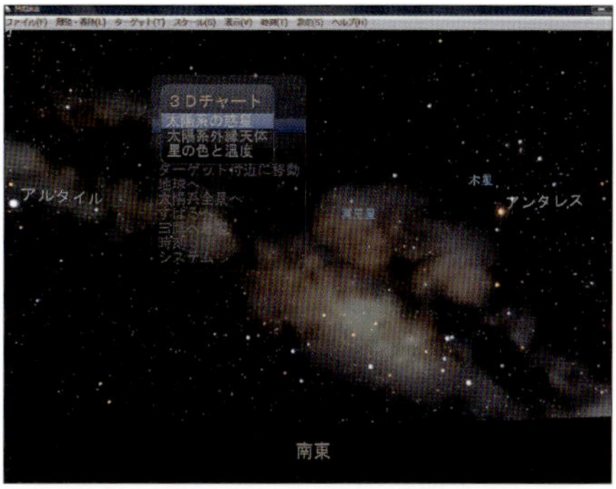

2 [太陽系の惑星] を見る

[太陽系の惑星] が表示されます。惑星の大きさや形などを確認します。

3 [太陽系外縁天体] を見る

同じ操作をして [3Dチャート] の [太陽系外縁天体] で [X] キーを押すと、[太陽系外縁天体] が表示されます。

宇宙の画像を見よう

スクリーンメニューからは、宇宙や天体のさまざまな画像を見ることができます。スクリーンメニューの［メインメニュー］の［画像］から、見たい画像を表示して見ましょう。

■すばる（プレヤデス星団）

おうし座の代表的な散開星団で、地球から約400光年の距離にある。散開星団とは、数十から数百の恒星が集まったもので、球状星団と比べると若い恒星が多く、密度はまばら。

■天の川

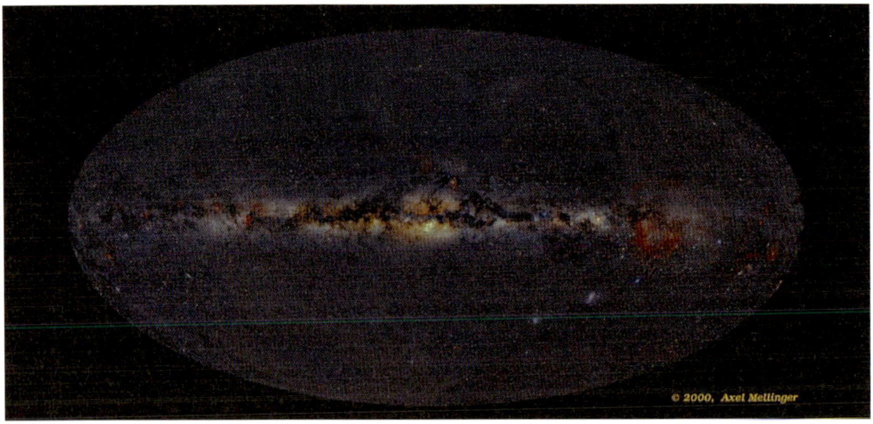

地球上から見た銀河系の断面が天の川。夏のいて座の方向が銀河系の中心方向で、星の密度が濃い。逆に冬に見える天の川は銀河系の外側方向で、夏に比べて星の密度は低くなる。

■星形成領域s106

星形成領域とは、宇宙空間の中で星が生まれている領域のこと。S106は、はくちょう座方向にあり、地球から約2000光年離れている。

■オリオン星雲

オリオンの三ツ星の南にある散光星雲。散光星雲とは、星間ガスや宇宙塵のまとまりで、恒星の光の反射や、星間ガスそのものの発光によって、光って見える。

ムービーを見る

付属CD-ROMに収録されているムービーは
最新の研究成果を可視化した映像です。
連星系や渦巻銀河ができる過程などを見ることができます。

ムービーを再生しよう

本書の付属CD-ROMには観測データやシミュレーションデータに基づいて可視化したムービーが収録されています。目的のムービーをパソコンにコピーして見てみましょう。ムービーを再生するためには、再生ソフトが必要です。

1 付属CD-ROMを開く

パソコンのCD-ROMドライブに付属CD-ROMを入れます。［自動再生］が表示されたら、［フォルダを開いてファイルを表示］をクリックします。

2 「movie」フォルダをコピーする

新たにウィンドウが開き、付属CD-ROMに収録されているデータが表示されます。「movie」フォルダをドラッグしてデスクトップにコピーします。

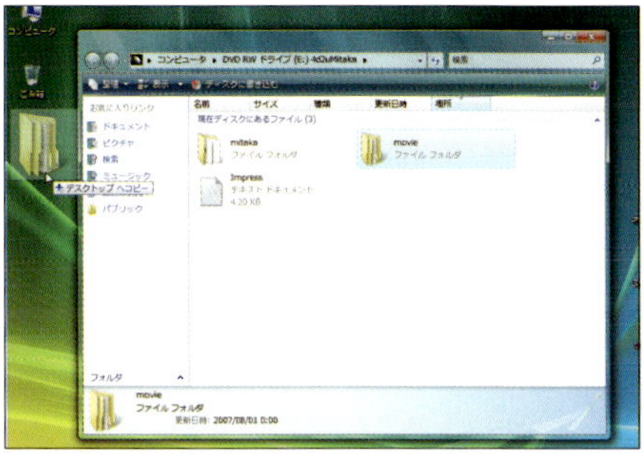

3 「movie」フォルダを開く

コピーされた「movie」フォルダをダブルクリックします。

4 見たいムービーのフォルダを開く

新しいウィンドウが開き、[movie] フォルダに収録されているムービーのフォルダが表示されます。見たいムービーのフォルダをダブルクリックします。ここでは [4d2uLss640x480] フォルダをダブルクリックします。

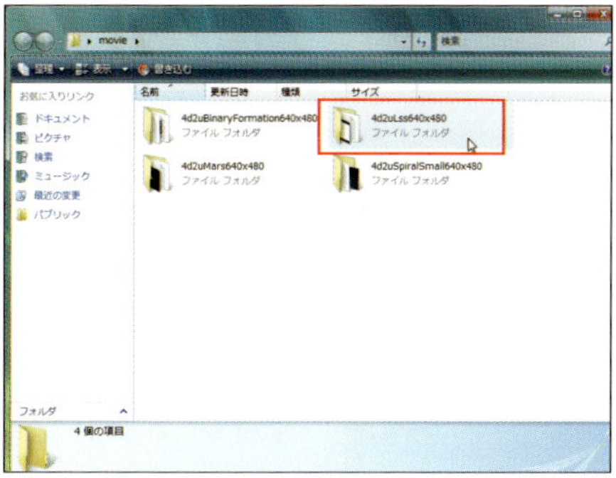

5 ムービーを再生する

[4d2uLss640×480] フォルダに収録されているデータが表示されます。[4d2uLss640×480] をダブルクリックすると、Windows Madia Playerなどの再生ソフトが起動し、ムービーが再生されます。

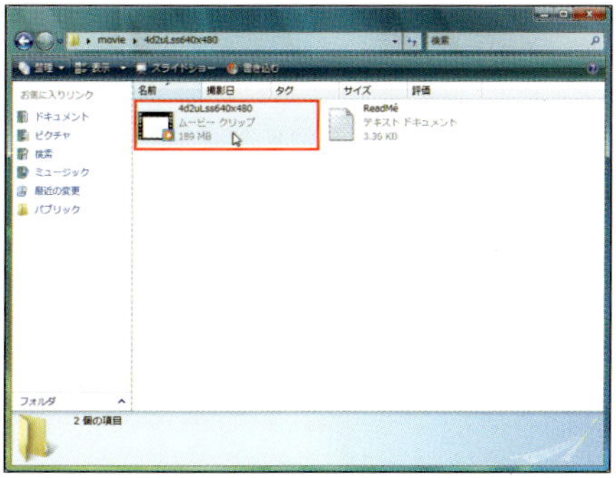

「movie」フォルダに収録されているムービー

「movie」フォルダには、「連星系の形成」「宇宙の大規模構造」「火星探検」「渦巻銀河の形成」の4つのムービーが収録されています。最新の研究成果に基づいて制作された宇宙のデジタルムービーを楽しむことができます。

■連星系の形成

「4d2uBinaryFormation640×480」フォルダに収録されています。星の元となるガスの雲が回転しながら重力でつぶれ、双子の星（連星）ができる様子を再現しています。

■宇宙の大規模構造の形成

「4d2uLss640×480」フォルダに収録されています。約130億年前から現在まで、宇宙の質量の大部分を担うダークマターのゆらぎから宇宙の大規模構造が形成されていく様子を映像化したものです。

■各ムービーの詳細については、国立天文台 4 次元デジタル宇宙プロジェクトのホームページをご覧ください。
http://4d2u.nao.ac.jp/t/var/download/index.php?id=movie

■火星探検

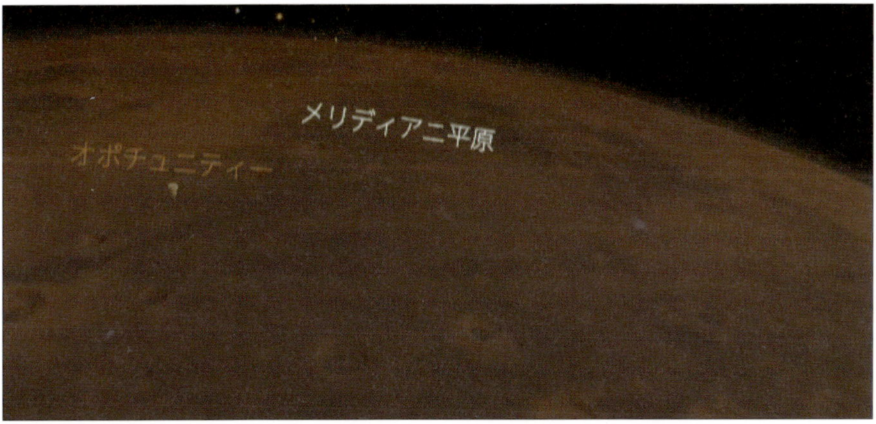

「4d2uMars640×480」フォルダに収録されています。探査機によって観測されたデータに基づいて再現したデジタルの火星を旅します。さまざまな火星の名所を見ることができます。

■渦巻銀河の形成

「4d2uSpiralSmall640×480」フォルダに収録されています。周辺の小銀河が集まって渦巻銀河が形成されていく様子を再現しています。

宇宙用語 INDEX

ここでは、本書では紹介しきれなかったMitakaの機能の中で、専門的な知識が必要と思われる用語を取り上げて解説します。それぞれの用語を理解して、さらに宇宙空間を奥深くまで楽しみましょう。

HIP番号

「ヒッパルコス星表（HIP）」に記された星（恒星）の番号のこと。星表とは、星の名前や位置、明るさなどの一覧表で、天文学では星は何らかの星表の番号で表される。ヒッパルコス星表は、1988年にESA（ヨーロッパ宇宙機関）によって打ち上げられた天体観測衛星「ヒッパルコス」が、1989年から1993年にかけて観測したデータを基につくられた星表で、過去の星表と比較して、星の位置と明るさの測定値が非常に高精度なのが特徴。

SDSS

スローン・デジタル・スカイ・サーベイ（SDSS）は、可視光で全天の約4分の1の領域を観測し、1億個以上の天体の位置と明るさを測定して、宇宙の3次元地図を作成する日米独共同プロジェクト。SDSSのデータによって、遠方にある銀河のくわしい分類と進化、銀河団の構造と進化などが明らかになることが期待されている。

一回散乱

地球の空が青く見えるのは、太陽の光が大気中の窒素や酸素などの分子にぶつかり、波長の短い青い光がより強く散乱するためである。その散乱光のうち地表面に到達するものを天空光といい、天空光の大部分は一回散乱で、多重散乱の割合はそれほど多くない。

球状星団

数十万～百万の星が数十光年ほどの範囲に密集している球状の天体のことで、銀河の中心やハロー（92ページ参照）を包むように広く分布している。これらは宇宙の初期に生まれた古い星たちの集団だと考えられている。多くの星の集団なら、惑星を持ち、知的生命体が存在する可能性も高いだろうと考え、1974年にはプエルトリコのアレシボ天文台から、約2万光年離れた球状星団「M13」に向けて電波によるメッセージが送られた。

銀経・銀緯（銀河座標）

銀河面と銀河系の中心方向を基準にした、天球上の星の位置の表し方を銀河座標という。銀河座標では、天球上の緯度と経度に当たるものとして「銀緯」「銀経」を使い、銀緯は、銀河面を基点（0°）として、南（－）北（＋）それぞれ90°までの数値で表す。銀経は、いて座にある強力な電波源「いて座A（銀河系の中心）」を基点（0°）として、銀河の北極側から見て反時計回りに360°までの数値で表す。

近傍銀河

銀河系の近くにある銀河のこと。近傍銀河の1つであるアンドロメダ銀河は、約230万光年離れており、銀河系や大マゼラン銀河などとともに局部銀河群を構成している。

系外惑星を持つ星

系外惑星とは太陽系外の惑星のこと。1995年10月、ペガスス座51番星の周りを惑星が回っていることが確認された。この惑星は木星の半分の質量を持ち、中心星から0.05天文単位（太陽と地球の距離の20分の1）という距離を約4.2日で公転するという想像を絶する惑星で、このような惑星は「ホット・ジュピター」と呼ばれている。ほかにも軌道が超楕円形で、中心星からの距離が大きく変わる「エキセントリック・プラネット」など、いくつもの系外惑星が見つかっている。

黄道

天球上の太陽の見かけの通り道のこと。太陽の動きを地球から見ていると、太陽は１年かけて西から東へ空を一回りするように見える。この通り道を黄道という。星占いなどに用いられる12星座は黄道に沿って位置しており、黄道12星座と呼ばれている。

赤経・赤緯（赤道座標）

地球の自転を基準にして星の位置を表す座標のひとつ。「赤経」と「赤緯」で天体の位置を表す。赤経は、春分点を基点（０時、０h）として、東回りに24時までの数値で表す。赤緯は、赤道面を基点（0°）として、南（－）北（＋）ともに90度までの数値で表す。

多重散乱

太陽光が大気中の分子にぶつかると、乱反射して四方八方に散乱する。散乱した光は、さらに多くの分子とぶつかって反射を繰り返す。これを多重散乱という。Mitakaでは、地球の大気の計算で、多重散乱の効果も取り入れられている。

地平座標

天体の天球上の位置を表すための天球座標のひとつ。方位と高度で天体の位置を表し、方位は、南を基点（0°）として西回りに、真西が90°、真北が180°、真東が270°と、360°までの数値で位置を表す。高度は、地平線（水平線）を基点（0°）とし、天頂方向に＋90°まで、地平線下にある天体についても－90°までの数値で表すことができる。

バイエル名

星座ごとに、明るい星から、α星、β星、γ星……、ω星、とギリシャ文字によって表される星の名前のこと。たとえば、ケンタウルス座α星は、ケンタウルス座でもっとも明るい星という意味。ギリシャ文字を使いきってしまうとローマ字の小文字、それでも足りなくなるとローマ字の大文字を使う。

フラムスチード番号

18世紀のイギリスの天文学者のジョン・フラムスチードが作った恒星カタログに使われている恒星番号のこと。フラムスチードはイギリスから見える52星座のおもな星に、赤経順に通し番号を付けた。バイエル名とフラムスチード番号の両方を持つ星は多いが、「はくちょう座51番星」のように、バイエル名が付いていない星には、フラムスチード番号が使われている。

連星系

連星とは「2つ以上の星が互いに引力を及ぼしあって、共通の重心の周囲を公転運動している天体」のこと。明るいほうの星を主星、暗いほうの星を伴星と呼ぶ。連星は、地球からの見え方によって、実視連星、分光連星、食連星などに分類されている。

マウス／キー操作一覧

Mitakaは基本的にはマウスですべての操作が可能ですが、キー操作でもマウスと同様の操作を行うことができます。また、スクリーンメニューはキーボードでしか操作できません。

マウス操作

動作	マウス操作
視点や視線の方向を変える	マウスの左ボタンを押してドラッグ
ズームインする	マウスホイールを前へ回転させる
	ウィンドウの右下の［－］
	マウスの右ボタンを押して下へドラッグ
ズームアウトする	マウスホイールを後ろへ回転させる
	ウィンドウの右下の［＋］
	マウスの右ボタンを押して上へドラッグ
時刻を進める	ウィンドウの右上の［＋］
時刻を戻す	ウィンドウの右上の［－］
変化させる時刻の単位を変える	ウィンドウの右上で右クリック

スクリーンメニューのキー操作

動作	キー操作
スクリーンメニューを開く	[X]
項目を移動する	[↑][↓]
項目を選択する	[X]
メニューを閉じる	[Z]
メニューを左右に動かす	[O][P]

キー操作

動作	キー操作
宇宙へ離陸する／地上へ着陸する	［S］
宇宙空間モードでターゲット付近に移動する	［6］
星の名前などの表示・非表示を切り替える	［A］
視点や視線の方向を変える	［←］［→］［↑］［↓］
宇宙空間モードで旋回する	［1］＋［←］［→］
ズームインする	［Page Up］
ズームアウトする	［Page Down］
時刻を進める	［4］
時刻を戻す	［3］
変化させる時刻の単位を長くする	［Z］＋［4］
変化させる時刻の単位を短くする	［Z］＋［3］
惑星等の拡大率を変える	［Z］＋［←］［→］
宇宙空間モードで街明かりの表示・非表示を切り替える	［Z］＋［A］
画面をキャプチャして「capture.png」に保存する	［C］
全画面表示にする	［Alt］＋［Enter］
全画面表示からウィンドウ表示に戻す	［Esc］
タイトルやクレジットを表示する	［W］
Mitakaを終了する	［Esc］

付属CD-ROMの内容

本書の付属CD-ROMにはソフトウェア「Mitaka version 1.0」と4つのムービー「連星系の形成」「渦巻銀河の形成」「火星探検」「宇宙の大規模構造の形成」が収録されています。このCD-ROMは、Windows から読み取りが可能です。

フォルダ構成

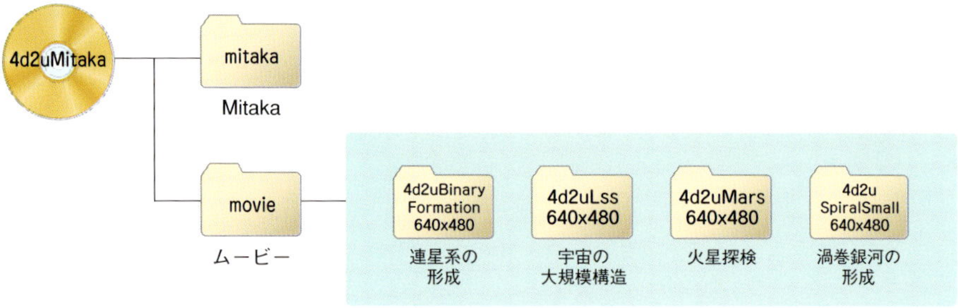

●Mitaka version 1.0

Mitakaは、国立天文台4次元デジタル宇宙プロジェクトで開発している、天文学のさまざまな観測データや理論的モデルを見るためのソフトウェアです。地球から宇宙の大規模構造までを自由に移動して、宇宙のさまざまな構造や天体の位置を見ることができます。
付属CD-ROMに収録されているバージョンは、国立天文台4次元デジタル宇宙プロジェクトのホームページからダウンロードできる「Mitaka version 1.0（軽量版）」に地球と火星の地形データを加えたものです。

●ムービー

ムービーは、Windows Media Video、またはMPEG-1形式で収録されています。ムービーの再生にはWindows Media Playerなどの再生ソフトが必要です。
各ムービーの概要とデータ提供者は以下のとおりです。

連星系の形成

ガスの雲から星の元が形成されてゆく様子が見られます。

松本倫明（法政大学）
花輪知幸（千葉大学）

宇宙の大規模構造の形成

約130億年前から現在までの宇宙の進化の過程が見られます。

矢作日出樹（国立天文台）
長島雅裕（長崎大学）

火星の探検

探査機から得られたデータを元にデジタル化した火星での旅が見られます。

NASA

渦巻銀河の形成

銀河が周辺の小銀河を取り込んで成長していく様子が見られます。

斎藤貴之（国立天文台）

※付属CD-ROMに収録されたソフトウェアとデータは国立天文台4次元デジタル宇宙プロジェクトの提供によるものです。

Mitaka version 1.0　よくあるご質問について

●「dinput8.dll が見つからない」というエラーが出て、起動できません

Mitakaでは、DirectX（バージョン8.1以降）を使用します。Windows XPには最初から入っていますが、Windows 2000では、ご自分でインストールしていただく必要があります。

●動作を軽くするには、どうすればいいですか？

テクスチャの解像度を落とす、天の川の表示をしない、星の表示を暗くする、などをPDFマニュアルを参考にして試してみてください。また、地球や火星が見えている状態では、大気の表示を切ることでも、速度は向上します。SDSSの銀河の表示が遅い場合は、mitaka.iniファイルの[Performance]セクションのDistantGalaxyThinningを１以上の値に設定してみてください。

●Windows Vista での動作が遅いです

もし、十分に高性能なグラフィックカードを使用しているのに動作が遅い場合は、Vistaにはじめから入っているドライバではなく、NVIDIAやATIなどのベンダで配布している最新のドライバを使ってみてください。Vistaにはじめから入っているドライバでは、OpenGLの描画が極端に遅くなることがあります。

このほかにも「Mitaka version 1.0」でよくあるご質問が、国立天文台のホームページで紹介されていますので、お問い合わせの前にご確認ください。また、「Mitaka version 1.0」の不具合の報告や、感想、要望などがございましたら、国立天文台のホームページのフィードバックフォームよりご連絡ください。

【MitakaのよくあるFAQ URL】
http://4d2u.nao.ac.jp/html/program/mitaka/mtk_FAQ.htm

【フィードバック・フォーム URL】
http://4d2u.nao.ac.jp/t/var/feedback/

アンインストールする

パソコンのシステム内に組み込むソフトウェアではありませんので、インストールしたフォルダの中身をすべて削除すれば、アンインストールは完了です。ソフトウェアを完全に削除したい場合は、ごみ箱を空にします。

■「Mitaka version 1.0」のよくある質問は127ページをご覧ください。また、不具合の報告や、感想、要望などがございましたら、国立天文台のホームページのフィードバック・フォームよりご連絡ください。
[フィードバック・フォーム URL]
http://4d2u.nao.ac.jp/t/var/feedback/

■本書の内容に関するご質問は、お手数ですが株式会社インプレスジャパン『パソコンで巡る137億光年の旅　宇宙旅行シミュレーション』質問係まで、切手を貼って返送先の宛先を記入した返信用封筒を同封のうえ、封書にてお送りください。本書についているアンケートはがきに質問を記載されましても、お答えすることができませんのでご了承ください。

■造本には万全を期しておりますが、万一、落丁・乱丁がございましたら、送料小社負担にてお取り替え致します。お手数ですが、インプレスカスタマーセンターまでご返送ください。

【商品の購入に関するお問い合わせ先】
インプレスカスタマーセンター
〒102-0075　東京都千代田区三番町20番地
TEL 03-5213-9295
FAX 03-5275-2443
e-mail info@impress.co.jp

【書店・取次様のお問い合わせ先】
出版営業部
〒102-0075　東京都千代田区三番町20番地
TEL 03-5213-2442
FAX 03-5275-2444

staff

表紙デザイン　中沢岳志（tplot inc.）
撮影　渡邊清一
写真協力　国立天文台
NASA
編集協力　株式会社エディポック
編集　平松裕子
編集長　高橋隆志

パソコンで巡《メグ》る137億光年《オクコウネン》の旅《タビ》
宇宙旅行《ウチュウリョコウ》シミュレーション

2007年 8 月 1 日　初版第 1 刷発行
2007年 9 月 1 日　初版第 2 刷発行

監　修　国立天文台 4 次元デジタル宇宙プロジェクト
発行人　土田米一
発　行　株式会社インプレスジャパン
An Impress Group Company
〒102-0075
東京都千代田区三番町20番地
発　行　株式会社インプレスコミュニケーションズ
An Impress Group Company
〒102-0075
東京都千代田区三番町20番地

印刷所　凸版印刷株式会社
ISBN978-4-8443-2434-8
Printed in Japan